前言

PREFACE

梅花成花相关基因功能分析

Functional Analysis of Floral Genes *SOC1*, *SVP* and *LFY* in *Prunus mume*

李玉舒 著

中国城市出版社

梅花

（*Prunus mume*）

属蔷薇科李属植物，是中国的传统名花，严寒中梅开百花之先，独天下而春，梅以其高洁坚强的品格，给人以激励，自古以来深受中国人民的喜爱。因此，花期不仅是梅花的重要观赏性状之一，也是重要的栽培性状。开花是高等植物生活史上的一个质变过程，由内部遗传因子和外部环境因素协同作用，并受错综复杂的分子网络信号途径调控。成花转变作为植物开花的第一步，是植物从营养生长向生殖生长转变的重要转折点。对模式植物拟南芥成花调控途径的研究中发现，*SOC1*、*SVP*、*LFY*等开花整合子基因在植物成花转变过程中具有重要的调控作用，目前已经从很多植物中分离出了这些基因，并对其进行了深入研究。

鉴于*SOC1*、*SVP*、*LFY*等开花整合子基因在植物成花转变过程中起的重要调控作用，笔者以梅花基因组数据为基础，以*SOC1*、*SVP*、*LFY*基因为研究对象，采用RT-PCR的方法从梅花品种‘长蕊绿萼’中克隆了7个成花相关基因；利用实时荧光定量PCR的方法对它们的表达模式进行了分析，采用酵母双杂交技术研究了这些基因的蛋白互作模式；结合它们在拟南芥中过表达产生的表型变化，对这些基因的功能进行了全面而系统的阐释。为采用分子生物学技术手段调控梅花花期，以及研究花形态构成和花期调控提供理论依据，对实现梅花阶段转变的人为控制、延长梅花观赏期、加速梅花品种改良进程、促进梅花产业的良性发展具有十分重要的意义。

限于笔者水平及写作经验，疏漏之处在所难免，敬请专家、学者及读者批评指正。

目录

CONTENTS

001-022

023-064

065-090

091-106

107-144

145-150

概述

Chapter One

梅花（*Prunus mume*）原产中国，为蔷薇科李属的主要观赏树种，在我国有3000年的栽培历史（陈俊愉，2001）。梅花不仅具有很高的观赏价值和食用价值（梅果），还有着丰富的精神象征和文化内涵。千百年来梅花被赋予坚韧不拔、自强不息的精神品质，主要是因其能够凌寒留香、迎霜傲雪，在寒冷的早春盛放。花期不仅是影响梅花观赏性状的重要因素之一，也是重要的栽培性状。高等植物开花可划分为成花诱导、花的发端以及花器官形成等顺序过程（Amasino, 2010; Irish, 2010; Lee et al., 2008a; Ritz et al., 2010），其中成花诱导阶段作为后面两个阶段产生的前提，对开花时间有直接的影响。

成花诱导作为植物开花的第一步，是植物从营养生长向生殖生长转变的重要转折点。梅花的分子生物学研究起步较晚，对梅花开花时间机制的研究还主要集中在解除花芽休眠，促进花芽萌发等方面。有关梅花成花诱导和转变的研究还相对较少，调控梅花开花的分子机理也尚未可知。北京林业大学园林学院张启翔教授的课题组于2012年完成了梅花全基因组测序，为全面分析梅花成花诱导、明确成花调节机理提供了基础（Zhang et al., 2012）。

1.1 高等植物的成花过程

高等植物的成花过程是有性生殖过程的开始。从植物的形态变化来说，成花过程就是由营养生长向生殖生长的转变过程。根据时间顺序可以将成花阶段划分成几个时期：①成花诱导时期：该时期植物通过一段营养生长之后，应答外界环境信号，植物个体由营养生长向生殖生长转变，进而形成花序分生组织，是主要以成花基因的启动为主要特点的生理生化过程，由花序分生组织特性基因调节，该时期受到光周期、春化、自主以及赤霉素等途径的控制；②花的发端：植物成花途径整合基因的表达会开启花序分生组织基因的表达，并使其逐渐转化成花分生组织，这一时期主要受花分生组织特性基因调节；③花器官形成时期：花分生组织形成花器官原基，受花器官特异基因调控；④花器官成熟时期：花原基产生之后，花器官决定基因激活下游器官构造基因，最终形成各轮花器官（Koornneef et al.,1998）。

综上所述，植物响应外部诱导由营养生长向生殖生长转变的核心就是成花诱导过程。这一过程是启动生殖生长的首个阶段。近年来，对拟南芥（*Arabidopsis thaliana*）的研究结果表明，一些特定基因的启动和表达对诱导植物成花具有重要的作用，并鉴定出了许多参与调控植物开花的基因。

1.2 高等植物成花诱导调控途径

近年来为阐明植物成花诱导的启动机制，利用分子遗传学方法对拟南芥等模式植物研究发现，在植物成花过程中存在着6个复杂的成花调控途径，分别是光周期途径、春化途径、自主途径、赤霉素途径、环境温度途径以及年龄途径（Fornara et al., 2010; Khan et al., 2014; Zhouand Wang, 2013）（图❶-❶）。研究表明，这些途径能够通过*FT*（*FLOWERING LOCUS T*）、*SVP*（*SHORT VEGETATIVE PHASE*）、*SOC1*（*SUPPRESSOR OF OVEREXPRESSION OF CO 1*）和*LFY*（LEAFY）等开花整合基因实现对拟南芥开花时间的精确调控（Borner et al., 2000; Lee et al., 2000; Liu et al., 2008; Moon et al., 2003; Samach et al., 2000; Wang et al., 2009）。

1.2.1 光周期途径

光周期现象是指植物对昼夜长度产生的反应。基于开花转变对光周期的需求将植物划分为长日植物、短日植物和日中性植物3种类型。拟南芥属典型的长日植物。研究显示植物体内有2个组分负责响应光周期，即光受体和昼夜规律（Imaizumi and Kay, 2006）。成熟叶片中的光受体最先接收到光信号，把获得的光信号传输给昼夜节律时钟，在二者耦合之后，借助生物钟因子调节成花相关基因表达，激活或遏制花分生组织特性基因，最终诱导植物开花（Andrés et al., 2012; Jiao et al., 2007; Kobayashi and Weigel, 2007; Wigge et al., 2005）。目前人们已从拟南芥等模式植物中分离了一些光周期途径中的关键基因，如*CO*、*GI*、*PHYA-E*、*CRY1,2*、*ELF1-4*基因等。

简单来说，在光周期途径中，植物借助光受体感受到光信号，植物的生物钟将该信号传输给*CO*，之后刺激成花素*FT*基因表达，最终实现长日照下对成花转变的调节（Putterill and Laurie, 2004）。目前明确的光受体有光敏色素、隐花色素以及紫外光B受体（Buskirk et al., 2012）。在拟南芥中找到5类光敏色素（*PHYA*、*PHYB*、*PHYC*、*PHYD*、*PHYE*）以及3类隐花色素（*CRY1*、*CRY2*、*CRY3*）。以上色素感受光照，形成昼夜规律（Song et al., 2013b），之后调控昼夜节律响应因子*CCA1*以及*LHY*表达，并借助光信号传输基因*ELF3*、*ZTL*、*FKF1*、*GI*把信号传输给*CO*，*CO*进而开启*FT*转录功能。*FT*于叶中转录之后，在SAM（分生组织）内和*FD*形成复合体，激活成花因子*SOC1*表达，推动植物成花（Corbesier et al., 2007; Pin and Nilsson, 2012; Song et al., 2013b）。

1.2.2 **春化途径**

温度也是影响植物成花的环境因子之一。其主要借助两种方式对成花产生影响：①多数植物需通过一段时间的低温驯化方可成花；②在营养生长时期，植物借助感受外界温度确定成花时间（Srikanth and Schmid, 2011）。此类低温诱导植物成花的现象称为春化作用（Kim et al., 2009）。春化作用多见于单子叶植物和草本植物中。与草本植物不同，多年生木本植物往往通过内休眠来应对低温对其造成的胁迫，花芽若要解除休眠需要经历冬季的低温才能萌发生长，从而开花。

春化阶段由许多基因共同调控，当前分离获得和春化有关的基因有*FLC*、*FRI*、*VRN2*、*VRN1*、*VIN3*、*VER2*、*PIE1*、*TFL2*以及*HP1*等（Michaels and Amasino, 2005; Burn et al., 1993）。其中，*FLC*和*FRI*是春化途径中两个关键基因（Johanson and Dean, 2000; Michaels and Amasino, 1999）。*FLC*属于MADS-box家族的转录因子，*FRI*则是一个植物特异的未知蛋白，通过上调*FLC*的表达来实现对植物成花的

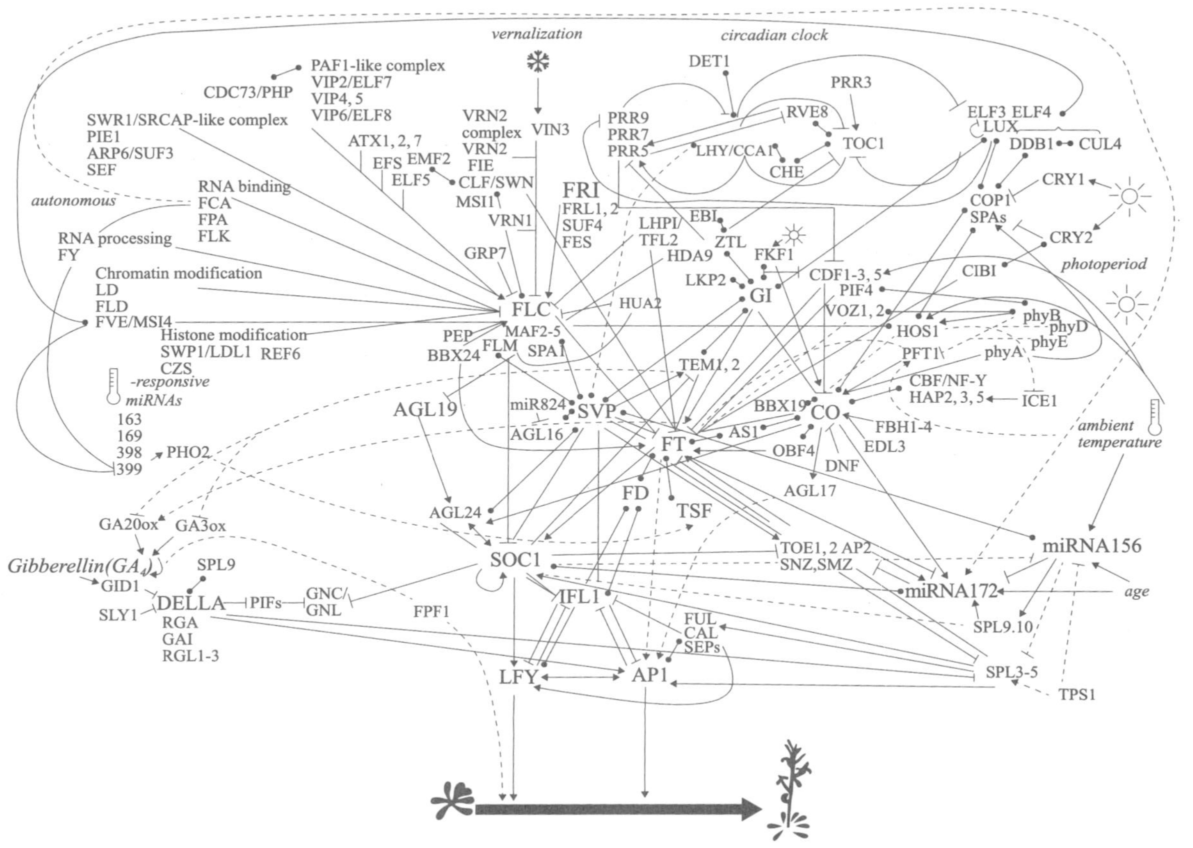
vernalization
circadian clock
PAF1-like complex
VIP2/ELF7
VIP4, 5
VIP6/ELF8
CDC73/PHP
DET1
PRR3
ELF3 ELF4
LUX
DDB1
CUL4
SWR1/SRCAP-like complex
PIE1
ARP6/SUF3
SEF
ATX1, 2, 7
EFS
EMF2
ELF5
VRN2
complex
VRN2
FIE
VIN3
CLF/SWN
MSI1
VRN1
PRR9
PRR7
PRR5
RVE8
LHY/CCA1
CHE
TOC1
CRY1
COP1
SPAs
CRY2
autonomous
RNA binding
FCA
FPA
FLK
RNA processing
FY
FRI
FRL1, 2
SUF4
FES
LHPI/
TFL2
EBI
ZTL
HDA9
FKF1
LKP2
GI
CDF1-3, 5
CIBI
photoperiod
Chromatin modification
LD
FLD
FVE/MSI4
GRP7
FLC
HUA2
PIF4
VOZ1, 2
HOS1
phyB
phyD
phyE
phyA
PFT1
Histone modification
SWP1/LDL1
REF6
CZS
PEP
MAF2-5
FLM
SPA1
BBX24
TEM1, 2
CBF/NF-Y
HAP2, 3, 5
ICE1
-responsive
miRNAs
163
169
398
399
PHO2
AGL19
miR824
SVP
AGL16
BBX19
CO
AS1
FT
OBF4
FBH1-4
EDL3
DNF
AGL17
ambient
temperature
FD
TSF
AGL24
GA20ox
GA3ox
Gibberellin(GA_4)
SPL9
GID1
SLY1
DELLA
RGA
GAI
RGL1-3
PIFs
GNC/
GNL
FPF1
SOC1
IFL1
TOE1, 2 AP2
SNZ,SMZ
miRNA156
miRNA172
age
SPL9.10
FUL
CAL
SEPs
SPL3-5
TPS1
LFY
AP1

图❶-❶

拟南芥主要开花途径

（Blümel et al., 2014）

→ Activation and/or stabillzation
⊣ Inhibition and/or degradation
•—• Genetic and/or physical interaction
---- Indirect interaction

Current Opinion in Biotechnology

抑制（Searle et al., 2006）。研究发现FRI蛋白一定要借助two-coiled螺旋结构域和CBC复合物结合共同发挥作用（Geraldo et al., 2009）。染色体免疫共沉淀试验证实，*FLC*主要通过与*FT*内含子区域和*SOC1*启动子CArG区域相结合阻止这两个基因的转录，从而抑制成花（Helliwell et al., 2006; Searle et al., 2006）。但是，*FLC*缺失的突变体，依然可以对春化做出反应，说明春化促进开花还有不依靠*FLC*的途径（Michaels and Amasino, 2001）。

1.2.3 自主途径

成花一方面受到光照与温度的影响，另一方面也受到植物本身发育规律的影响。植物在适合的环境下被诱导成花，然而某些植物在营养生长一段时间之后就算外界因素不合适同样能够开花，这种因本身发育状态影响成花的途径为自主途径。拟南芥中*LD*、*FY*、*FCA*、*FLK*、*FPA*、*FVE*以及*FLD*等自主途径相关基因陆续被分离出来，以上基因通过编码RNA加工修饰蛋白与表达遗传修饰蛋白对*FLC*产生作用，遏制*FLC*基因的转录功能，从而促进开花（Simpson, 2004）。自主途径中所包含的基因通常借助遏制FLC蛋白推动开花进程。但是，各个自主途径基因遏制FLC蛋白的表达分别具有不同的机制。其中，*LD*基因编码一个有953个氨基酸残基组成的核蛋白，是拟南芥中最早鉴定的参与自主途径的基因，它可以和*SUF4*相互作用，遏制*FLC*的蛋白活性（Aukerman et al., 1999; Kim et al., 2006）。*FPA*和*FCA*是植物特异性RRM类型的RNA结合蛋白，*FPA*借助和*FCA*结合共同调控RNA介导的*FLC*沉默，且参与RNA的可变剪切和多腺苷化过程，对*FLC*进行调控，促进植物开花过程（Hornyik et al., 2010）。*FLK*是一种RNA结合蛋白，不论是在长日照还是短日照条件下均表现为晚花，*FLK*突变后使*FLC*转录水平上调，*SOC1*与*FT*转录水平下调，以延迟开花（Lim et al., 2004）。*FY*属于一类RNA3'-末端剪接因子，主要借助其C端包含的两个脯氨酸基序和*FCA*包含的WW结构域降低*FLC*表达，促进开花（Simpson et al., 2003）。

虽然自主途径中基因的突变体开花均存在延迟，可此类情况能够被春化作用、远红光或者赤霉素（Gibberellin, GA）所恢复（Wang et al., 2007; Simpson, 2004），这表明自主途径是独立于其他开花诱导途径的。此外，自主途径基因编码的蛋白可能参与多条抑制途径。如*FVE*还在冷驯化（cool acclimation）中作为负调控因子发挥作用（Razem et al., 2006）；*FCA*、*FY*和*FLK*对miRNA172正调控，而*FVE*参与对miRNA172的负调控（Mockler and Phinney, 2004），*FPA*基因还参与了赤霉素合成途径的调节（Noh and Noh, 2004）。

1.2.4　赤霉素途径

赤霉素（GA）在植物茎的伸长、种子的萌发、休眠的打破等植物生长发育过程中发挥重要作用。调节植物开花时间是GA的其中一项重要功能。GA途径包括GA代谢和信号传导。外源施用GA可以加速拟南芥成花（Wilson, 1992）。

当前已经克隆出部分GA生物合成基因。GA促进植物开花主要与*GAI*、*RGA*以及*RGL1*有关，这些基因在GA信号转导中发挥重要作用，但他们之间存在功能冗余（Wen and Chang, 2002）。以上3个基因序列相似性高，近N端均包含DELLA结构域。因此，也被称作DELLA蛋白（Bolle, 2004）。DELLA蛋白核心功能就是抑制植物对GA的响应，阻遏植物成花，而这种抑制作用在外施GA后则被抵消，进而促进开花。在拟南芥中，GA通过独立的*DELLA*（*GAI/RGA*）调节途径直接或间接促进*LFY*和*SOC1*的表达，从而促进开花。

1.2.5　年龄途径

研究表明，*miRNAs*是调节基因表达的因子，在调节植物自营养生长向生殖生长转变阶段发挥功能。其中*miR156*与*miR172*在童期向成年期转变中有促进作用（Yamaguchi and Abe, 2012）。拟南芥中有6个

*miR156*成员，它们过表达会使植物停滞在营养生长阶段，延迟植物向生殖阶段转变（Yamaguchi et al., 2009）。

拟南芥中的*miR156*靶定了11个*SPL*，并通过降解或失活这些靶基因功能，实现调控作用（Birkenbihl et al., 2005）。其中，*SPL3*能够和*LFY*、*FUL*以及*AP1*中的启动子结合调节植物成花（Yamaguchi et al., 2009）。*SPL9*能够激活*FUL*、*SOC1*以及*AGL24*的基因转录功能，*SPL4*与*SPL5*具有激活*FUL*、*SOC1*、*LFY*、*AP1*以及*FT*的作用，推动植物开花（Wu and Poethig, 2006; Wang et al., 2009）。*miR172*在植物成花转变阶段的作用和*miR156*存在差异（Jung et al., 2011）。拟南芥中的*miR172*主要遏制或者影响靶基因*AP2*-like进行转录，从而影响成花诱导和开花时间（Aukerman and Sakai, 2003）。综上所述，年龄途径主要通过调控*FT*、*SOC1*和*AP1*等成花整合因子调节植物的成花过程。

1.2.6　环境温度途径

外界环境温度也能影响处于营养生长阶段的植物开花，其通常表现为植物在营养生长时期对温度的感知。植物一方面可以借助春化作用感受低温推动成花转变（Kim and Sung, 2014）；另一方面，外部气温细微的持续改变对植物成花时间也能够产生影响。比如，伴随气候变暖问题不断加重，很多植物均有不同程度的提前开花现象（Allen, 2012; Craufurd and Wheeler, 2009; Fitter and Fitter, 2002）。

目前研究表明，*FLM*和*SVP*是成花环境温度途径的两个主要基因（Lee et al., 2007b; Jang et al., 2009）。温度对*FLM* mRNA的可变剪切有直接关系，*FLM*的不同可变剪切形式能够显著影响植物成花诱导（Balasubramanian et al., 2006）。*SVP*在低温环境中遏制*FT*转录，高温促进*FT*转录，从而调控植物开花（Lee et al., 2007b）。另外，植物响应温度信号的过程中还受一些miRNA的调控，如拟南芥中过表达*miR172*的株系对外界温度感受迟钝，不管温度如何都会提早开花，这说明*miR172*造成植物对外界温度改变的敏感性降低（Lee et al., 2010）。

上述6条主要的成花调控途径彼此相对独立，但又相互交叉、相互关联。对这些调控途径的研究发现，调控信号一般都集中于几个整合基因，如*FLC*、*LFY*、*SVP*、*FT*和*SOC1*等（Simpson and Dean, 2002; Parcy, 2005）。这些基因在植物开花时间的调控上具有相似功能，但在不同的途径中又相互各异，他们通常彼此影响，一起调节开花。

1.3 几种重要成花基因的研究进展

1.3.1 *SOC1*基因研究进展

*SOC1*基因属于MADS-box基因家族中的*SOC1/Tomato* MADS-box gene *3*（*TM3*）亚家族，广泛存在于单子叶植物和双子叶植物中（Smaczniak et al., 2012）。目前已从矮牵牛（*Petunia hybrida*）（Ferrario et al., 2004）、非洲菊（*Gerbera hybrida*）（Ruokolainen et al., 2011）、水稻（*Oryza sativa*）（Lee et al., 2004）、石斛兰（*Dendrobium*）（Ding et al., 2013）、大豆（*Glycine max*）（Na et al., 2013）、洋桔梗（*Eustoma grandiflorumin*）（Nakano et al., 2011）、玉米（*Zea may*）（Kranz et al., 2001）、甘菊（*Chrysanthemum lavandulifolium*）（Fu et al., 2014）、大麦（*Hordeum vulgare*）（Papaefthimiou et al., 2012）、美洲山杨（*Populus tremuloides*）（Cseke et al., 2003）、蓝桉（*Eucalyptus globulus*）（Decroocq et al., 1999）、葡萄（*Vitis vinifera*）（Sreekantan and Thomas, 2006）、紫斑牡丹（*Paeonia rockii*）（刘传娇等，2014）、白桦（*Betula platyphylla*）（刘菲菲等，2011）、杧果（*Mangifera indica*）（魏军亚等，2015）和水曲柳（*Fraxinus mandschurica*）（付德山等，2015）等多个物种中分离到*SOC1*同源基因，其功能得到了深入的研究。研究表明，*SOC1*是植物成花时间调控路径中的关键整合子，能够整合来自光周期途径、春化途径、自主途径和赤霉素途径的多种开花信号（Moon et al., 2003; Samach et al., 2000），促进植物的营养分生组织向花分生组织转变，进而促进开花。

在光周期途径中，长日照下*CO*活性的强弱能够直接影响*FT*的表达量，而*SOC1*的表达变化并不明显（Wigge et al., 2005）。在*35S::FT*转基因植株和*ft*功能缺失突变体中，*SOC1*的表达量分别表现为显著增加和降低，因此CO蛋白主要作用的靶基因是*FT*，*FT*进而促进*SOC1*基因的表达（Fussmann, 2005; Wigge et al., 2005; Yoo et al., 2005）。然而，*SOC1*的功能可能不完全受控于*FT*，还存在其他因子调控*SOC1*的表达。在春化途径和自主途径中，*FLC*通过结合到*SOC1*的启动子和*FT*的第一内含子上直接抑制这两个基因的表达，进而抑制植物开花（Searle et al., 2006）。在拟南芥中，另一个MADS-box转录因子*SVP*也能够调控*SOC1*的转录表达，其表达主要受自主途径和赤霉素途径调控（Li et al., 2008）。研究表明，作为开花抑制因子，*SVP*与*FLC*以蛋白复合体的形式结合到*SOC1*、*FT*的启动子上，遏制这些响应内源与外界信号的整合子基因的表达（Li et al., 2008）。因此，*SOC1*基因通过整合来自*SVP*和*FLC*蛋白的调控信号，整合了春化途径和自主途径。在赤霉素途径中，短日照条件下通过GA处理，*SOC1*在野生拟南芥中的表达量提高，而在赤霉素*gal-3*突变体中，*SOC1*表达量一直保持在较低水平，无法促进开花。同时，当*SOC1*超量表达时也能使在短日照下无花表型的*gal-3*突变体开花，因此，*SOC1*作为GA开花信号的靶基因在开花过程中整合了GA途径（Borner et al., 2000; Moon et al., 2003）。*SOC1*的上调表达还与植物年龄有关。最近研究表明，*SPL*能够感受植物生长和发育时期，调控各个发育时期的转变，*SOC1*作为整合因子，同样受到*SPL9*的调节影响。*SPL*整合*SOC1*的首个内含子区域，从而调控开花（Yamaguchi et al., 2009）。

此外，近期研究发现*SOC1*参与了冷响应信号和开花调节之间的反馈回路。SOC1蛋白与*CBF*的启动子结合抑制其表达从而促进开花；*CBF*的过表达则增加了*FLC*的转录水平，进而负调控春化途径中*FLC*下游靶基因*SOC1*的表达，以延迟开花（Seo et al., 2009）。这说明植物在适应外界的低温信号和开花时间调节之间存在反馈回路，以适应不断变化的外界环境。以上表明除了能整合多条途径的开花信号外，*SOC1*还具有其他一些功能。

1.3.2 *SVP*基因研究进展

*SVP*基因属于MADS-box家族中的*STMADS11*亚家族基因，包含有9个外显子和8个内含子（Hartmann et al., 2000），在进化过程中高度保守。在模式植物拟南芥的*STMADS11*亚家族中，包含*SVP*与*AGL24*两个基因，它们在序列上具有很高的相似性，但是功能上截然相反。*SVP*是开花负调控因子，而*AGL24*促进开花（Hartmann et al., 2000; Michaels et al., 2003; Yu et al., 2002）。到目前为止，已从草本植物马铃薯（*Solanum tuberosum*）（Carmona et al., 1998; Garcíamaroto et al., 2000）、甘薯（*Ipomoea batatas*）（Kim et al., 2002）、番茄（*Lycopersicon esculentum*）（Mao et al., 2000）、大白菜（*Brassica rapa*）（Lee et al., 2007b）、黑麦草（*Lolium perenne*）（Petersen et al., 2006）、大麦（*Hordeum vulgare*）（Schmitz et al., 2000; Trevaskis et al., 2007）、水稻（*Oryza sativa*）（Fornara et al., 2008; Lee et al., 2008a; Sentoku et al., 2005）、中国水仙（*Narcissus tazetta*）（Li et al., 2015）、日本牵牛花（*Pharbitis nil*）（Kikuchi et al., 2008）、桉树（*Eucalyptus grandis*）（Brill and Watson, 2004）、枳（*Poncirus trifoliata*）（Li et al., 2010）、猕猴桃（*Actinidia chinensis*）（Wu et al., 2012）和葡萄（*Vitis vinifera*）（杨堃等，2012）中克隆得到了*SVP*同源基因。*SVP*主要在植物成花转变前的营养器官中表达，在花和果实等生殖器官中基本检测不到。在花期调控的进程中，*SVP*主要表达时期是在营养生长期（Hartmann et al., 2000），主要涉及自主途径、温度环境途径和赤霉素途径等开花调控途径。

在自主途径中，长日照条件下*SVP*在突变体*fve-3*和*fve-1*中的表达量持续增加，因此*SVP*的表达受到自主途径的影响（Lee et al., 2007b）。在温度环境途径中，*miRNA172*能够响应环境温度的变化，在较低温度下下调表达，从而调控植株响应环境温度开花。研究表明拟南芥中*SVP*的活性与成熟*miRNA172*和*pri-miRNA172a*的水平呈负相关，且*SVP*可以在不同温度中参与*miRNA172*基因表达（Lee et al., 2010）。凝胶迁移实验和染色质免疫沉淀分析进一步表明*SVP*可以和*miRNA172a*

基因启动子中的CArG结合，针对*miR172*基因转录进行负调节，最终影响开花（Cho et al., 2012）。另外，Lee等（2007）研究发现，当温度改变时，*SVP*还可以通过调控*FT*的表达影响植物的成花过程（Lee et al., 2007b）。在GA途径中，野生型拟南芥植株在短日照条件下进行GA处理后*SVP*基因表达水平不断降低。但GA作用突变体*gal-3*内的*SVP*基因表达水平始终比野生型高，致使拟南芥突变体在短日照条件下不开花（Wilson, 1992）。以上表明GA在一定程度上可通过*SVP*介导影响开花。综上所述，*SVP*基因具有通过自主途径、赤霉素途径及温度环境途径响应开花信号的功能，从而调控植株开花。

此外，利用酵母双杂、GST融合和免疫共沉淀等试验先后证明拟南芥内SVP和FLC无论在体内还是体外都有相互作用（Fujiwara and Mizoguchi, 2008; Jung and Müller, 2009; Li et al., 2008）。SVP与FLC形成复合物抑制开花，此复合物共同调控*SOC1*和*FT*的表达，在拟南芥成花过程中对感应环境温度变化起关键作用（Li et al., 2008）。但是SVP蛋白的亲和力比FLC蛋白弱。同时，Li等（2008）通过对具有不同功能的转基因株系*35S*::*SVP-6HA*与*svp-41 SVP*::*SVP-6HA*的染色质免疫沉淀分析发现，*SVP*能够与*SOC1*启动子CArG1结合，遏制*SOC1*基因表达（Li et al., 2008）。

1.3.3 *LFY*基因研究进展

在目前已知的花分生组织特征基因中，*LFY*基因是研究最广泛、了解最透彻的基因。*LFY*具有控制花序分生组织向花分生组织的转变进而控制开花时间的作用。基因结构分析发现，不同植物*LFY*基因的核苷酸序列和氨基酸序列表现出一定程度的保守性。而且比较已知*LFY*同源基因全长序列发现都含有3个外显子和2个内含子，且外显子的长度差异不大，位置大部分相同。这说明*LFY*基因在不同植物之间具有较高的保守性。通过基因重复进化，很多植物转录因子最终形成了多基因家族，与此不同的是，被子植物中的*LFY*基因多以单拷贝形式存在（Riechmann and Ratcliffe, 2000）。此外，LFY蛋白包含两个分别位于C-末端和N-末端的保守区域；其中，N-末端区域具有促进转录激活的功能，C-末端区域具有非常保守的DNA结合域（Coen et al.,1990; Maizel et al., 2005; Siriwardana and Lamb, 2012）。在基因功能上，*LFY*基因功能主要是在花的早期发育中发挥关键作用。由于*LFY*基因存在较高的保守性，目前已经在很多木本植物，如杨树（*Populus*）、辐射松（*Pinus radiata*）、苹果（*Malus domestica*）、桃（*Prunus persica*）、葡萄（*Vitis vinifera*）和龙眼（*Dimocarpus longan*）中克隆分离到了其同源基因。

*LFY*基因的表达模式在不同的植物中有一定的差异。有些植物的花器官等生殖器官和叶片等营养器官中都能检测到*LFY*同源基因，而在少数植物中只在花器官中检测到*LFY*同源基因的表达。在模式植物拟南芥中，不论是在成花转变前的叶原基中还是在整个营养生长阶段都能检测到*LFY*的表达（Hempel et al., 1997）。而苹果的*AFL2*只在萼片和心皮表达（Wada et al., 2002），桃的*PpLFY*只在花瓣表达（Li-Jun and Tian-Hong, 2008），银杏（*Ginkgo biloba*）的*GinLFY*在根、茎、叶、花芽、幼果等器官中都有表达，属于组成型表达（Zhang et al., 2002）。*LFY*同源基因表达特性上的差异很可能反映植物的进化关系。不同植物中的*LFY*同源基因过表达后的表型也不相同。如拟南芥中*LFY*基因转入自身后，其侧芽完全转化成了单花，同时提早开花（Blázquez et al., 1997）。具有相同效果的还有菊花（*Chrysanthemum × morifolium*）、水稻、杨树、柑橘（*Citrus reticulate*）中的*LFY*同源基因。杨树*LEAFY*基因在拟南芥中异源表达后，使转基因植株花期有所提前（Rottmann et al., 2000）。但烟草（*Nicotiana tabacum*）中*LFY*同源基因*NFL1*在拟南芥中过表达后花期并无变化（Ahearn et al., 2001）。上述表型说明尽管*LFY*同源基因编码的蛋白序列很保守，但在进化过程中，由于一些结构上的改变，可能导致其功能及表达调控作用发生了改变。

*LFY*基因受几条成花诱导途径的调控。在光周期途径中，*CO*基因在长日照条件下被诱导表达后直接或间接启动*LFY*基因表达（Putterill et al., 1995）。在自主途径中，*LD*基因对开花时间的调节有部分是通过调控*LFY*的表达实现的（Aukerman et al., 1999）。在春化途径中，*VRN3*在春化后抑制*FLC*的表达（Sung and Amasino, 2004），从而释放被*FLC*负调控的*SOC1*、*FT*等基因的活性，进而诱导*LFY*基因表达，促进开花。在赤霉素途径中，由于在短日照条件下不能激活*LFY*的表达，突变体*gal-3*开花极度延迟（Blázquez et al., 1998）。此外，在植物花发育过程中，*LFY*基因还能够通过与上游和下游基因联合，达到共同调控花期的目标。首先，*LFY*基因的上游基因能够直接或间接激活*LFY*转录。如*LFY*的上游基因*FT*能在茎顶端分生组织中上调*LFY*基因，从而促进植物形成花分生组织，因此，*FT*基因的活性强弱直接影响*LFY*表达（Nilsson et al., 1998; Wigge et al., 2005）。其次，在植物ABC类花器官基因的激活方面，*LFY*也具有重要作用。*LFY*基因通过诱导*AP1*和*AG*等花器官基因的表达，保证它们遵循规律地行使花器官身份，从而调控花分生组织空间模型（Coen and Meyerowitz, 1991; Lohmann, 2002）。

1.4 木本植物成花机理研究

多年生木本植物的成花时间和拟南芥等草本植物相比，最大的不同就是木本植物要度过漫长的营养生长阶段后，才进入成花状态。完成第一次成花之后，每一年木本植物均在同一时间开花，且营养成长与生殖成长并存，枝梢生长或果实发育与翌年的花芽诱导和花的发端并存。木本植物的此类特点很大程度遏制了其遗传改良，特别是具有重要经济价值的果树及观赏花木的遗传改良。很多科研工作自遗传学和生理学角度针对木本植物的成花转变进行了分析研究。从调控木本植物成花诱导分子机理的遗传学入手，利用分子生物技术来打破遗传与生长自然规律，这对那些具有较长营养生长阶段的木本植物，特别是果树尤为重要。Weigel（1995）把拟南芥*LFY*基因转入杨树内进行组成性表达，其结果表明转入四周之后的株系出现了花状组织，且表型无异常，这使原本需要8年才能开花的杨树7个月就开花了（Weigel and Nilsson, 1995）。

目前已从木本植物中克隆出大量的与花发育相关的基因。主要集中在3个大类：①花序分生组织特异性同源基因，如*SOC1*、*CEN*、*TFL1*、*TFL2*、*EMF1*、*EMF2*、*CLV1*基因等；②花分生组织特异同源基因，如*LFY*、*AP1*、*CAL*等；③花器官特异同源基因，如*DEF*、*AG*、*AP3*、*PI*等。苹果*FT*基因和龙眼*FT*、*AP1*基因转入拟南芥中表达影响成花（Mimida et al., 2011; Winterhagen et al., 2013）；把柑橘*LFY*与*AP1*同源基因导入拟南芥中过表达，也能够让野生型拟南芥提早开花（Pillitteri et al., 2004）。柑橘中*CsSL1*与*CsSL2*是*SOC1*的同源基因，其中*CsSL1*基因在拟南芥中超表达之后使花期提前，并弥补了*soc1*突变体的晚花表型（Tan and Swain, 2007）。而拟南芥*FT*、*LFY*、

*AP1*基因同样可以调控柑橘的成花转变（Nishikawa et al., 2007）。此外，拟南芥成花相关基因在苹果（Flachowsky et al., 2010）（*LFY*）、杨树（Hsu et al., 2011; 杨传平等, 2002）（*FT*/*LFY*）、梨（Matsuda et al., 2009）（*FT*）和枳橙（Jr et al., 2012）（*AP1*/*LFY*）的表达也已获得成功。

以上研究表明，对木本植物中成花相关基因的研究，以及这些基因在开花诱导和开花过程中的时空特异性表达，将会丰富人们对木本植物从营养生长向生殖生长转变的认知；通过异位表达成花有关的基因还可以加深对植物成花转变的理解，并为获得具有较短营养生长阶段的树木品种提供新的方法和手段。

1.5 梅花成花研究进展

1.5.1 梅花成花习性

梅花实生苗一般在生长3-4年后才能开花结实，7-9年后进入盛花期（林雁，2005）。梅花的花芽着生于当年生枝条上，第二年冬末春初开花。梅花的芽可以分为单芽和复芽，单芽即可为花芽亦可为叶芽。无论长枝、中枝、短枝均易形成花芽。一般观花品种的复芽常常多芽并生，其中有1-2个为叶芽，其他均为花芽，开花时花朵密集（虞佩珍，2001）。梅花花芽的生理分化期通常为每年的6-8月，约70d；该时期梅花生长点对内部因子和外部环境均十分敏感。因此，这个时期是调节梅花花芽分化的重要阶段。花芽形态分化阶段为每年的8-9月，约40d；在9月下旬-10月上旬这个时期，花芽形态分化彻底完成（江波，2014）。之后，梅花进入休眠状态。

1.5.2 梅花成花调控机理研究进展

近年来，对于梅花成花的研究主要集中在梅花的生物学特性，花芽分化规律及花期调控等方面。针对拟南芥成花基因的研究中可以看出，利用分子生物学技术缩短梅花等木本植物的营养生长阶段是十分可行的。在梅花成花过程研究中，候计华（2009）利用MADS-box基因的保守性特征从梅花中分离和克隆了一个MADS-box蛋白基因*AG*，并对该基因的表达进行了初步分析（侯计华，2009; Hou et al., 2010）。同年，骆江伟（2009）对梅花花器官cDNA文库进行了构建，并对梅花*AP3*、*PI*和*AG*3个花发育相关基因进行了克隆研究（骆江伟，2009）。徐宗大（2015）应用RT-PCR方法从‘三轮玉碟’品种中分离出10个和梅花花器官发育有关的MADS-box基因，利用实时荧光定量PCR的方法对10个基因的表达模式进行了分析，并采用酵母双杂交技术研究了这些基因的蛋白互作模式（徐宗大，2015）。Tomoya等于2009和2010年分别对梅花*FT*和*TFL1*基因进行了克隆和转基因研究，研究显示梅花中的*FT*基因与拟南芥以及其他物种中的*FT*同源基因具有相似的功能，均能使花期提前，表达模式分析表明*FT*基因在梅花成年树的表达量要高于幼苗（Esumi et al., 2009）；而梅花*TFL1*基因功能则与*FT*相反，在拟南芥中过表达使拟南芥花期延迟，维持植物营养生长（Esumi et al., 2010）。江波（2014）选择‘江梅’作为研究对象，通过对其施用植物生长调节剂，对梅花花期调控阶段有关酶活性和内源激素水平的变化进行了分析，并利用RT-PCR技术研究了梅花*LFY*和*TFL1*基因在转录水平的表达变化（江波，2014）。

通过以上研究可以看出，关于梅花成花调控机理的分子水平研究主要集中于梅花花器官发育方面，而对于梅花成花诱导方面却一直很少研究，有个别研究也仅是集中于基因克隆和表达分析，并没有进行基因功能的鉴定。近年来完成的梅花全基因组测序工作为全面研究控制梅花成花诱导的基因、阐明梅花成花调控的分子机理提供了可能（Zhang et al., 2012）。

②

梅花成花
相关基因克隆

Chapter Two

成花过程是植物生长发育中的重要转折时期，植物在外界环境条件和内部生长因子的影响下，通过光周期途径、春化途径、自主途径、赤霉素途径、年龄途径和温度环境途径诱导植物茎顶端分生组织分化，使植物由营养生长转变为生殖生长。尽管这些途径分别由不同的基因网络调控，但最终都汇集到相同的开花途径整合子基因，从而调节植物开花。目前，拟南芥中已分离出大量与开花相关的整合子基因，如*SOC1*、*FLC*、*SVP*和*LFY*等，其中*SOC1*是开花促进基因，*FLC*与*SVP*是开花抑制基因，它们都属于MIKC型MADS-box基因，通过介导不同开花途径中的信号来调控下游基因的表达，从而影响开花。*LFY*基因作为花分生组织决定中的关键基因，不仅在接连许多植物成花促进途径中的信号及激活花器官决定基因中发挥重要的作用，而且在促进植物开花方面也具有明显的效果。根据梅花基因组数据，笔者从梅花‘长蕊绿萼’（*Prunus mume*‘Changrui Lve’）中分别克隆了3个*PmSOC1s*、2个*PmSVPs*和2个*PmLFYs*共计7个基因。

2.1 梅花*PmSOC1s*基因克隆与序列分析

2.1.1 梅花*PmSOC1s*基因的克隆

以拟南芥（*Arabidopsis thaliana*）SOC1蛋白（GenBank ID: AEC10583.1）的氨基酸序列为参考序列，在梅花基因组蛋白库中进行本地BLAST搜索（Zhang et al., 2012），将同源性高的3个序列作为候选基因。根据CDS序列分别设计引物，引物序列见（表❷-❶），下划线标明的部分为引入的酶切位点，分别为*Bgl*II、*BstE*II和*Pml*I，以便于进行后续基因表达载体构建。以梅花'长蕊绿萼'叶片cDNA为模板，采用RT-PCR方法进行扩增，克隆得到了这3个基因，分别命名为*PmSOC1-1*、*PmSOC1-2*和*PmSOC1-3*（图❷-❶）。3个基因的长度略有差异，但都在650bp左右，与梅花基因组中的数据一致。根据梅花基因组数据，将*PmSOC1-1*、*PmSOC1-2*和*PmSOC1-3* 3个基因分别定位在梅花第5和第7条染色体上（图❷-❷）。

2.1.2 梅花*PmSOC1s*基因序列分析

将克隆得到的3个片段经连接、转化、测序后，分别获得了预期大小的3个基因的CDS序列。其中，*PmSOC1-1*的编码区长度为645bp，其开放阅读框（ORF）编码214个氨基酸组成的蛋白质。*PmSOC1-2*的编码区长度为654bp，其ORF编码217个氨基酸组成的蛋白质。*PmSOC1-3*的编码区长度为660bp，其ORF编码219个氨基酸组成的蛋白质。3个基因的相对分子质量分别为24.6、24.91和24.95kDa；理论等电点分别为9.46、8.68和9.05。如图❷-❸、图❷-❹和图❷-❺所示，这3个基因都属于II型MADS-box基因，因为他们都含有MADS结构域

表❷-❶ 基因克隆引物序列

名称	序列（5’-3’）	退火温度
PmSOC1-1-F	AGATCTATGGTGAGAGGAAAAACCCAGATGA *Bgl* II	61
PmSOC1-1-R	GGTGACCCTAGCGCTTTCTTCTTTCTG *BstE* II	
PmSOC1-2-F	CAGATCTGATGGTGAGAGGGAAGATTGAGAT *Bgl* II	59
PmSOC1-2-R	GGTGACCTCAACAGCGCGTTACCG *BstE* II	
PmSOC1-3-F	CAGATCTGATGGTTAGGGGGAAGACTCA *Bgl* II	60
PmSOC1-3-R	GGTGACCCTATGGGTTTTGGCTACTTC *BstE* II	
PmSVP1-F	AGATCTATGGCGAGGGAGAAGATTCAGAT *Bgl* II	61
PmSVP1-R	CACGTGTTAACCAGAGTAAGGTAACCCCAAT *Pml* I	
PmSVP2-F	AGATCTATGACGAGGAGGAAAATCCAGATCAA *Bgl* II	60
PmSVP2-R	GGTGACCTCATATCCCGCTAGGAAAAGCT *BstE* II	
PmLFY-F	AGATCTATGGATCCAGACGCCTTCTCAGC *Bgl* II	60
PmLFY-R	GGTGACCTCAGTAGGGTAGGTGATCACCG *BstE* II	

和K结构域。将3个基因的cDNA与基因组DNA进行比对显示，3个基因的剪接位点都符合经典的“GT-AG”剪切法则，但同源基因间的外显子总数和起始密码子的位置存在差异，如*PmSOC1-3*包含7个外显子，起始密码子位于第一个外显子；而*PmSOC1-1*、*PmSOC1-2*和拟南芥*AtSOC1*包含8个外显子，起始密码子位于第二个外显子（图❷-❻）。在基因编码区内，所有*SOC1*同源基因则具有相同的外显子数目，均包含7个外显子和6个内含子，且不同物种间*SOC1*基因的第1、3、4、5、6外显子的长度相同，分别为182、62、100、42和42bp（图❷-❻），说明不同物种*SOC1*基因的编码区结构具有一致性。

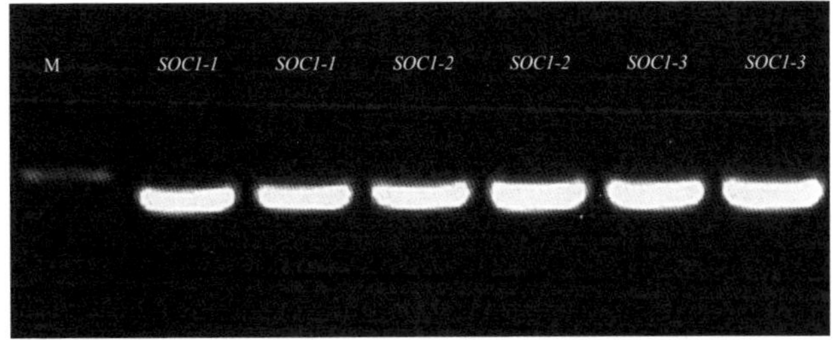

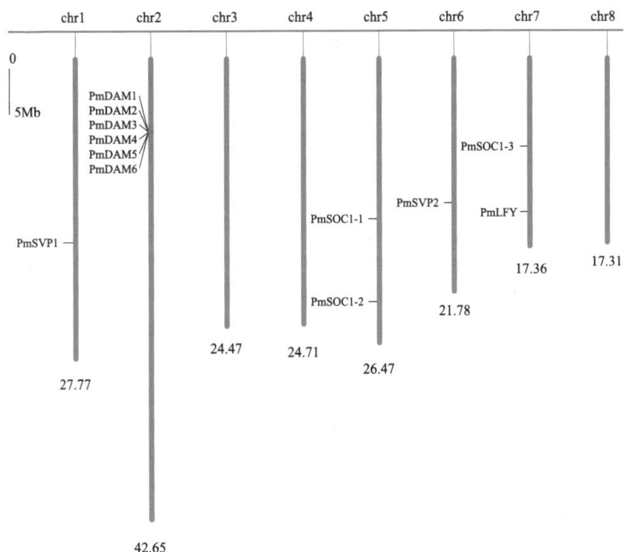

图❷-❶

梅花*SOC1*基因扩增PCR产物

M，DL2000; *SOC1-1*, *PmSOC1-1*; *SOC1-2*, *PmSOC1-2*;*SOC1-3*, *PmSOC1-3*

图❷-❷

梅花成花相关基因染色体定位

```
1    ATGGTGAGAGGAAAAACCCAGATGAGGCGCATAGAGAACGCCACCAGCCGGCAAGTCACC
      M  V  R  G  K  T  Q  M  R  R  I  E  N  A  T  S  R  Q  V  T

61   TTCTCAAAGAGGAGAAGTGGTCTTCTAAAGAAGGCCTTTGAGCTTTCAGTTCTTTGTGAT
      F  S  K  R  R  S  G  L  L  K  K  A  F  E  L  S  V  L  C  D

121  GCTGAGGTTGCGCTCATAATATTCTCTCCAAGGGGAAAGCTCTATGAATTTGCAAGTTCG
      A  E  V  A  L  I  I  F  S  P  R  G  K  L  Y  E  F  A  S  S

181  AGCATGCAGACAACCATAGAACGTTATCAGAAGCATACAAAAGACAACCTTACCAACAAC
      S  M  Q  T  T  I  E  R  Y  Q  K  H  T  K  D  N  L  T  N  N

241  AAATCCGTTTCCACTGACCAAAATATGCAGCACCTGAAGCAAGAATCATCTAGCATGATG
      K  S  V  S  T  D  Q  N  M  Q  H  L  K  Q  E  S  S  S  M  M

301  AAGCAGATAGAGCTTCTTGAAGTATCAAAACGGAAGCTCTTGGGAGAGGGTCTAGGATCA
      K  Q  I  E  L  L  E  V  S  K  R  K  L  L  G  E  G  L  G  S

361  TGCAGTATTGAAGAGCTACAAGAAATTGAGCAACAGTTGGAGAGGAGCGTGAGCAATGTT
      C  S  I  E  E  L  Q  E  I  E  Q  Q  L  E  R  S  V  S  N  V

421  CGAGCAAGAAAGACTCAAGTTTTCAAGGAACAGATTGAGCAACTGAGAGAAAAGGGGAAA
      R  A  R  K  T  Q  V  F  K  E  Q  I  E  Q  L  R  E  K  G  K

481  GCCCTAGCAGCTGAAAATGAAAAACTAATTGAGAAGTGTGGTAGAATCCAACCAAGGCAA
      A  L  A  A  E  N  E  K  L  I  E  K  C  G  R  I  Q  P  R  Q

541  GCATCAAATGAGCAAAGAGAAAACTTAGCCTTCACTGAAAGTAGTCCAAGTTCAGATGTT
      A  S  N  E  Q  R  E  N  L  A  F  T  E  S  S  P  S  S  D  V

601  GAGACTGAATTGTTCATTGGACTGCCAGAAAGAAGAAAGCGCTAG
      E  T  E  L  F  I  G  L  P  E  R  R  K  R  *
```

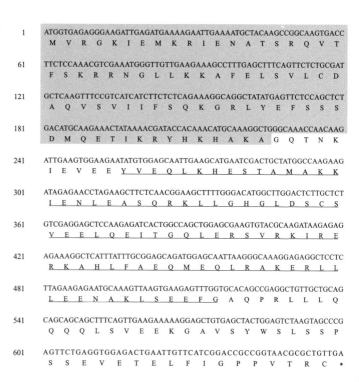

```
1    ATGGTGAGAGGGAAGATTGAGATGAAAAGAATTGAAAATGCTACAAGCCGGCAAGTGACC
      M  V  R  G  K  I  E  M  K  R  I  E  N  A  T  S  R  Q  V  T

61   TTCTCCAAACGTCGAAATGGGTTGTTGAAGAAAGCCTTTGAGCTTTCAGTTCTCTGCGAT
      F  S  K  R  R  N  G  L  L  K  K  A  F  E  L  S  V  L  C  D

121  GCTCAAGTTTCCGTCATCATCTTCTCTCAGAAAGGCAGGCTATATGAGTTCTCCAGCTCT
      A  Q  V  S  V  I  I  F  S  Q  K  G  R  L  Y  E  F  S  S  S

181  GACATGCAAGAAACTATAAAACGATACCACAAACATGCAAAGGCTGGGCAAACCAACAAG
      D  M  Q  E  T  I  K  R  Y  H  K  H  A  K  A  G  Q  T  N  K

241  ATTGAAGTGGAAGAATATGTGGAGCAATTGAAGCATGAATCGACTGCTATGGCCAAGAAG
      I  E  V  E  E  Y  V  E  Q  L  K  H  E  S  T  A  M  A  K  K

301  ATAGAGAACCTAGAAGCTTCTCAACGGAAGCTTTTGGGACATGGCTTGGACTCTTGCTCT
      I  E  N  L  E  A  S  Q  R  K  L  L  G  H  G  L  D  S  C  S

361  GTCGAGGAGCTCCAAGAGATCACTGGCCAGCTGGAGCGAAGTGTACGCAAGATAAGAGAG
      V  E  E  L  Q  E  I  T  G  Q  L  E  R  S  V  R  K  I  R  E

421  AGAAAGGCTCATTTATTTGCGGAGCAGATGGAGCAATTAAGGGCAAAGGAGAGGCTCCTC
      R  K  A  H  L  F  A  E  Q  M  E  Q  L  R  A  K  E  R  L  L

481  TTAGAAGAGAATGCAAAGTTAAGTGAAGAGTTTGGTGCACAGCCGAGGCTGTTGCTGCAG
      L  E  E  N  A  K  L  S  E  E  F  G  A  Q  P  R  L  L  L  Q

541  CAGCAGCAGCTTTCAGTTGAAGAAAAAGGAGCTGTGAGCTACTGGAGTCTAAGTAGCCCG
      Q  Q  Q  L  S  V  E  E  K  G  A  V  S  Y  W  S  L  S  S  P

601  AGTTCTGAGGTGGAGACTGAATTGTTCATCGGACCGCCGGTAACGCGCTGTTGA
      S  S  E  V  E  T  E  L  F  I  G  P  P  V  T  R  C  *
```

1 ATGGTTAGGGGGAAGACTCAGATGAAGCGCATAGAGAATGCAGCGAGCAGACAAGTGACC
M V R G K T Q M K R I E N A A S R Q V T

61 TTCTCCAAGAGAAGGAATGGGCTGCTGAAGAAAGCCTTTGAGCTCTCAGTTCTATGTGAT
F S K R R N G L L K K A F E L S V L C D

121 GCTGAAGTTGCACTTATTATTTTTCCACAAGAGGGAAGCTCTATGAGTTTTCGAGCTCA
A E V A L I I F S T R G K L Y E F S S S

181 AGTATCGGCAACACACTAGACCGTTATCAAAAGAGAGTGAAGGATCAAGGCCTTGGCAGT
S I G N T L D R Y Q K R V K D Q G L G S

241 AAAGCAGTTCAAGTTGATATGGAGCATGGGAAGGATGACACTTCTAGCATGGCGAAGAAG
K A V Q V D M E H G K D D T S S M A K K

301 ATTGATTTTATTGAAGCTTCTAAACAGAAGCTCTTAGGTAATTGTTTGGAATCATGTTCG
I D F I E A S K Q K L L G N C L E S C S

361 ATAGAGGAACTGCAGCAGACAGAGAACCAATTGGAGCGAAGCTTAAGCAAAATTAGGGCT
I E E L Q Q T E N Q L E R S L S K I R A

421 AGAAAGACTCAGTTATTGAGGGAGCAGATAGAGAACCTGAAGGAAGAGGAGAAAAACCTA
R K T Q L L R E Q I E N L K E E E K N L

481 TTTGAACAAAATGCTAAGCTACGGGAAAAGTGTGGCATGCAACCCCTTGGTCCTCCAAGC
F E Q N A K L R E K C G M Q P L G P P S

541 GCAAGAAAAGATGAAGAGAATTGTGCAGTACGCCAGCCCCGGACACCAGATATGGAGGAT
A R K D E E N C A V R Q P R T P D M E D

601 GTGGAGACTGACTTGGTGATTGGGCCACCTGAAAGACGAAGAAGTAGCCAAAACCCATAG
V E T D L V I G P P E R R R S S Q N P *

图❷-❸

梅花 *PmSOC1-1* 基因CDS与推导氨基酸序列（注：阴影表示MADS结构域；下划线表示K结构域）

图❷-❺

梅花 *PmSOC1-3* 基因CDS与推导氨基酸序列（注：阴影表示MADS结构域；下划线表示K结构域）

图❷-❹

梅花 *PmSOC1-2* 基因CDS与推导氨基酸序列（注：阴影表示MADS结构域；下划线表示K结构域）

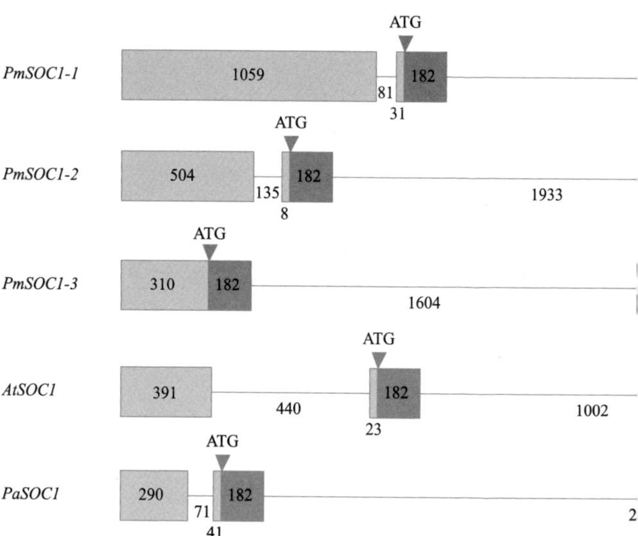

图2-6

*SOC1*同源基因的内含子/外显子结构示意图

（注：直线代表内含子，方框代表外显子，黑色方框为开放阅读框，数字代表内含子/外显子的长度*AtSOC1*：拟南芥*SOC1*同源基因，*PaSOC1*：杏*SOC1*同源基因）

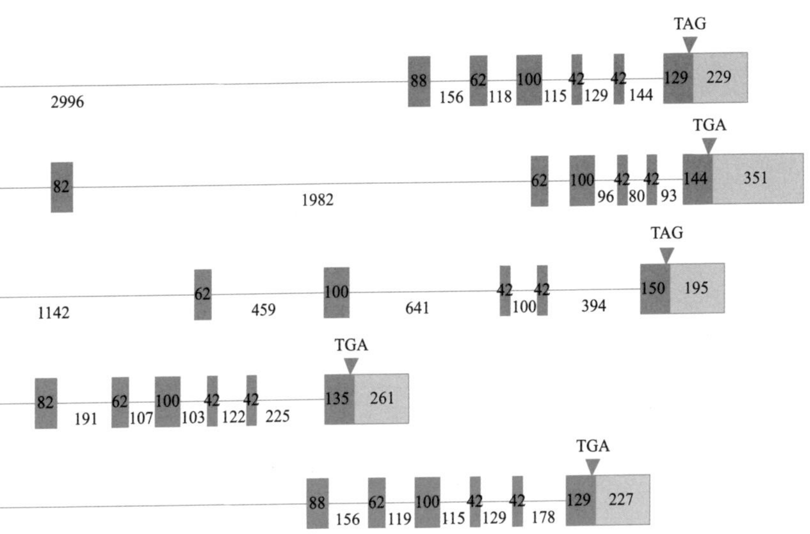

TAG
88
62
100
42
42
129
229
2996
156
118
115
129
144
TGA
82
62
100
42
42
144
351
1982
96
80
93
TAG
62
100
42
42
150
195
1142
459
641
100
394
TGA
82
62
100
42
42
135
261
191
107
103
122
225
TGA
88
62
100
42
42
129
227
156
119
115
129
178

2.1.3 梅花 *PmSOC1s*基因多序列比对与系统进化分析

将梅花*PmSOC1s*基因推导的氨基酸序列和其他物种SOC1蛋白的氨基酸序列进行同源比对（图❷-❼），结果发现PmSOC1-1与拟南芥SOC1蛋白序列的同源性为68%，与蔷薇科李属植物的同源性更高，例如，PmSOC1-1与杏（*Prunus armeniaca*）SOC1蛋白的相似性最高，达98%，与桃（*Prunus persica*）SOC1蛋白的相似性为95%。而*PmSOC1-2*和*PmSOC1-3*两个基因与蔷薇科李属植物*SOC1*基因的相似性则较低，如PmSOC1-2与杏和桃SOC1蛋白相似性分别为59%和57%；PmSOC1-3与杏和桃SOC1蛋白相似性分别为55%和54%。

氨基酸比对进一步发现，PmSOC1s蛋白含有高度保守的MADS结构域、中度保守的K结构域和多变的C-端（图❷-❼），属于MADS-box基因家族中的Type-Ⅱ型（Kaufmann et al., 2005），其MADS结构域和K结构域的下游还分别含有非保守的I区和半保守的C区，因此又称其为MIKC基因（Nakamura et al., 2005），也称为MEF-2转录因子。Nakamura等发现*SOC1/TM3*亚家族基因在C-端具有一个保守性很高的基序（11个氨基酸残基VETELFIGLP），即SOC1/MOTIF（Honma and Goto, 2001），这些基序在蛋白复合物的形成和转录中起重要的作用（Kramer and Irish, 1999; Becker and Theißen, 2003）。比对发现在*PmSOC1s*基因蛋白的C-端也具有这个SOC1蛋白特有的基序（图❷-❼），因此，将*PmSOC1s*基因划入MADS-box基因家族*SOC1/TM3*亚家族中，推断*PmSOC1s*是具有生物功能的*SOC1*基因。

为进一步了解梅花与其他物种SOC1蛋白的系统进化关系，本研究选取了MADS家族的不同成员构建SOC1蛋白的系统进化树（图❷-❽）。根据系统进化树，不同植物的SOC1蛋白可以分为两组，2种单子叶植物（玉米和小麦）单独聚为一组；其余双子叶植物的SOC1蛋白聚为一组。前人研究显示，拟南芥MADS-box基因家族*SOC1/TM3*亚家族中包含*AGL14*、*AGL19*、*AGL20*（*SOC1*）、*AGL42*、*AGL71*和*AGL72*

6个基因（Wells et al., 2015）。在本研究中，*PmSOC1-1*与另外2种李属植物桃和杏的亲缘关系最近，先聚为一组，然后与拟南芥等其他双子叶植物*SOC1*同源基因聚为一组。*PmSOC1-2*和*PmSOC1-3*则分别与研究较少的拟南芥*SOC1/TM3*亚家族中的*AGL42/71/72*和*AGL14/19*基因聚为一组。值得注意的是，在桃基因组中存在分别与梅花3个*PmSOC1s*基因相对应的同源基因（图❷-❽），且这些基因在梅花和桃基因组中具有相似的分布模式，都是2个基因位于同一染色体上，而另一个基因位于其他染色体上（Smaczniak et al., 2012; Xu et al., 2014）。这种相似性表明，*SOC1*基因在梅花和桃中具有保守性。

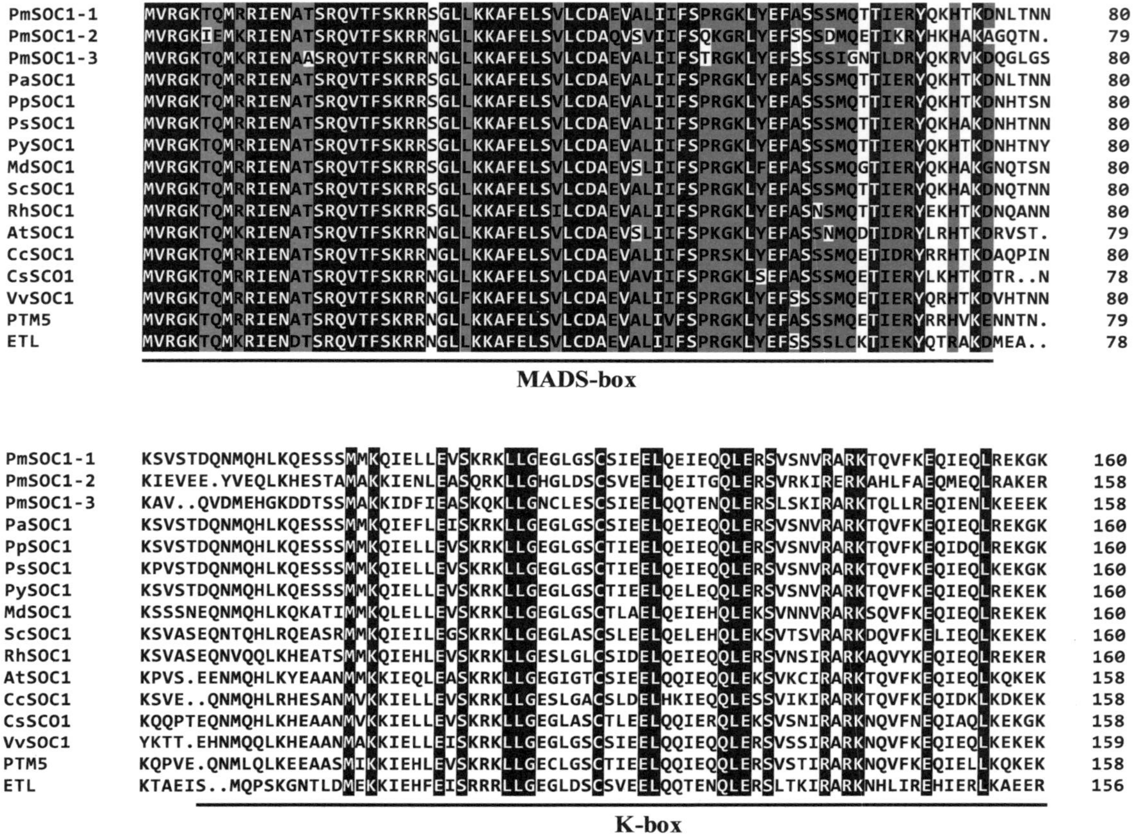

```
PmSOC1-1   MVRGKTQMRRIENATSRQVTFSKRRSGLLKKAFELSVLCDAEVALIIFSPRGKLYEFASSSMQTTIERYQKHTKDNLTNN   80
PmSOC1-2   MVRGKIEMKRIENATSRQVTFSKRRNGLLKKAFELSVLCDAQVSVIIFSQKGRLYEFSSSDMQETIKRYHKHAKAGQTN.   79
PmSOC1-3   MVRGKTQMKRIENAASRQVTFSKRRNGLLKKAFELSVLCDAEVALIIFSTRGKLYEFSSSIGNTLDRYQKRVKDQGLGS   80
PaSOC1     MVRGKTQMRRIENATSRQVTFSKRRSGLLKKAFELSVLCDAEVALIIFSPRGKLYEFASSSMQTTIERYQKHTKDNLTNN   80
PpSOC1     MVRGKTQMRRIENATSRQVTFSKRRSGLLKKAFELSVLCDAEVALIIFSPRGKLYEFASSSMQTTIERYQKHTKDNHTSN   80
PsSOC1     MVRGKTQMRRIENATSRQVTFSKRRSGLLKKAFELSVLCDAEVALIIFSPRGKLYEFASSSMQTTIERYQKHAKDNHTNN   80
PySOC1     MVRGKTQMRRIENATSRQVTFSKRRSGLLKKAFELSVLCDAEVALIIFSPRGKLYEFASSSMQTTIERYQKHTKDNHTNY   80
MdSOC1     MVRGKTQMRRIENATSRQVTFSKRRSGLLKKAFELSVLCDAEVSLIIFSPRGKLFEFASSSMQGTIERYQKHAKGNQTSN   80
ScSOC1     MVRGKTQMRRIENATSRQVTFSKRRSGLLKKAFELSVLCDAEVALIIFSPRGKLYEFASSSMQTTIERYQKHAKDNQTNN   80
RhSOC1     MVRGKTQMRRIENATSRQVTFSKRRSGLLKKAFELSILCDAEVALIIFSPRGKLYEFASNSMQTTIERYEKHTKDNQANN   80
AtSOC1     MVRGKTQMKRIENATSRQVTFSKRRNGLLKKAFELSVLCDAEVSLIIFSPKGKLYEFASSNMQDTIDRYLRHTKDRVST.   79
CcSOC1     MVRGKTQMRRIENATSRQVTFSKRRNGLLKKAFELSVLCDAEVALIIFSPRSKLYEFASSSMQETIDRYRRHTKDAQPIN   80
CsSCO1     MVRGKTQMRRIENATSRQVTFSKRRNGLLKKAFELSVLCDAEVAVIIFSPRGKLSEFASSSMQETIERYLKHTKDTR..N   78
VvSOC1     MVRGKTQMRRIENATSRQVTFSKRRNGLFKKAFELSVLCDAEVALIIFSPRGKLYEFSSSSMQETIERYQRHTKDVHTNN   80
PTM5       MVRGKTQMRRIENATSRQVTFSKRRNGLLKKAFELSVLCDAEVALIVFSPRGKLYEFASSSMQETIERYRRHVKENNTN.   79
ETL        MVRGKTQMKRIENDTSRQVTFSKRRNGLLKKAFELSVLCDAEVALIIFSPRGKLYEFSSSSLCKTIEKYQTRAKDMEA..   78
```

MADS-box

```
PmSOC1-1   KSVSTDQNMQHLKQESSSMMKQIELLEVSKRKLLGEGLGSCSIEELQEIEQQLERSVSNVRARKTQVFKEQIEQLREKGK   160
PmSOC1-2   KIEVEE.YVEQLKHESTAMAKKIENLEASQRKLLGHGLDSCSVEELQEITGQLERSVRKIRERKAHLFAEQMEQLRAKER   158
PmSOC1-3   KAV..QVDMEHGKDDTSSMAKKIDFIEASKQKLLGNCLESCSIEELQQTENQLERSLSKIRARKTQLLREQIENLKEEEK   158
PaSOC1     KSVSTDQNMQHLKQESSSMMKQIEFLEISKRKLLGEGLGSCSIEELQEIEQQLERSVSNVRARKTQVFKEQIEQLREKGK   160
PpSOC1     KSVSTDQNMQHLKQESSSMMKQIELLEVSKRKLLGEGLGSCTIEELQEIEQQLERSVSNVRARKTQVFKEQIDQLREKGK   160
PsSOC1     KPVSTDQNMQHLKQESSSMMKQIELLEVSKRKLLGEGLGSCTIEELQEIEQQLERSVSNVRARKTQVFKEQIEQLKEKGK   160
PySOC1     KSVSTDQNMQHLKQESSSMMKQIELLEVSKRKLLGEGLGSCTIEELQELEQQLERSVSNVRARKTQVFKEQIEQLREKEK   160
MdSOC1     KSSSNEQNMQHLKQKATIMMKQLELLEVSKRKLLGEGLGSCTLAELQEIEHQLEKSVNNVRARKSQVFKEQIEQLREKEK   160
ScSOC1     KSVASEQNTQHLRQEASRMMKQIEILEGSKRKLLGEGLASCSLEELQELEHQLEKSVTSVRARKDQVFKELIEQLKEKEK   160
RhSOC1     KSVASEQNVQQLKHEATSMMKQIEHLEVSKRKLLGESLGLCSIDELQEIEQQLERSVNSIRARKAQVYKEQIEQLREKER   160
AtSOC1     KPVS.EENMQHLKYEAANMMKKIEQLEASKRKLLGEGIGTCSIEELQQIEQQLEKSVKCIRARKTQVFKEQIEQLKQKEK   158
CcSOC1     KSVE..QNMQHLRHESANMVKKIELLEVSKRKLLGESLGACSLDELHKIEQQLESSVIKIRARKTQVFKEQIDKLKDKEK   158
CsSCO1     KQQPTEQNMQHLKHEAANMVKKIELLEVSKRKLLGEGLASCTLEELQQIERQLEKSVSNIRARKNQVFNEQIAQLKEKGK   158
VvSOC1     YKTT.EHNMQQLKHEAANMAKKIELLEISKRKLLGEGLGSCSIEELQQIEQQLERSVSSIRARKNQVFKEQIEQLKEKEK   159
PTM5       KQPVE.QNMLQLKEEAASMIKKIEHLEVSKRKLLGECLGSCTIEELQQIEQQLERSVSTIRARKNQVFKEQIELLKQKEK   158
ETL        KTAEIS..MQPSKGNTLDMEKKIEHFEISRRRLLGEGLDSCSVEELQQTENQLERSLTKIRARKNHLIREHIERLKAEER   156
```

K-box

```
PmSOC1-1   ALAAENEKLIEKCGRIQPRQA.....SNEQRENLAF.TESSPSSDVETELFIGLPERRKR           214
PmSOC1-2   LLLEENAKLSEEFGAQPRLLLQQQLSVEEKGAVSYWSLSSPSSEVETELFIGPPVTRC            217
PmSOC1-3   NLFEQNAKLREKCGMQPLGPPSARKDEENCAVRQPRTPDM...EDVETDLVIGPPERRRSSQNP      219
PaSOC1     ALAAENERLIEKCGRIQPRQA.....SNEQRENLAY.TESSPSSDVETELFIGLPERRKR           214
PpSOC1     ALAAENERLIEKCGKIQPRKA.....SNEQRENLAY.TESSPSSDVETELFIGLPERRMKR          215
PsSOC1     ALAAENERLIEKCGRIQPRQA.....SNEQRENLAY.IESSPSSDVETELFIGLPERRMKR          215
PySOC1     ALTAENERLIEKCGSIQPRQA.....SNEQRENLAY.TESSPSSDVETELFIGLPEERRVKR         216
MdSOC1     LLKAETARLVEKCGSFQPRKTLDERR.....QNTTY.TDSSTSSDVETELFIGLPESRA.RR         215
ScSOC1     MLAAENVRLMEKCGSIQQMQAGAPQTSNEQREHLPY.ADSSPSSDVETELFIGMPPERRAKR         221
RhSOC1     VLTAENQRLNEKCEAMQPRQP.....VSEQRENLAC.PESSPSSDVETELFIGLPERRSKH          215
AtSOC1     ALAAENEKLSEKWGSHESEVWSNKNQESTGRGDE....ESSPSSEVETQLFIGLPCSSRK           214
CcSOC1     ALVAENARLCEKCG.IQLQQG.....ANEHREISPY.EESNPSSDVETELFIGPPERRTKRLPPPN     217
CsSCO1     VLEAENTRLEEKCGMENWQ...GSK...EQPENLTN.DDGASTSDVETELFIGPPPERRARRLAIPPQ   219
VvSOC1     ALAAENAMLCEKCG.VQPYQA.....PNQENETLPS.AERSQNSDVSTDLFIGLPEGRAKRLLLGN     218
PTM5       LLAAENARLSDECG.AQSWPVSWEQRDDL.PREEQ..RESSSISDVETELFIGPPETRTKRIPPRN     220
ETL        KLLEEKRKLLQEIECGKGLTPVS....SERPREEIR.AES...MDVETELFIGPPKR             205
           K-box                                    SOC1 motif
```

图2-7
梅花与其他物种SOC1基因的氨基酸多序列比对

PaSOC1，杏*Prunus armeniaca*
PpSOC1，桃*Prunus persica*
PsSOC1，李*Prunus salicina*
PySOC1，樱花*Prunus × yedoensis*
MdSOC1，苹果*Malus domestica*
ScSOC1，麻叶绣线菊*Spiraea cantoniensis*
RhSOC1，月季*Rosa hybrida*
AtSOC1，拟南芥*Arabidopsis thaliana*
CcSOC1，山核桃*Carya cathayensis*
CsSOC1，甜橙*Citrus sinensis*
VvSOC1，葡萄*Vitis vinifera*
PTM，欧洲山杨*Populus tremuloides*
ETL，桉树*Eucalyptus globulus*

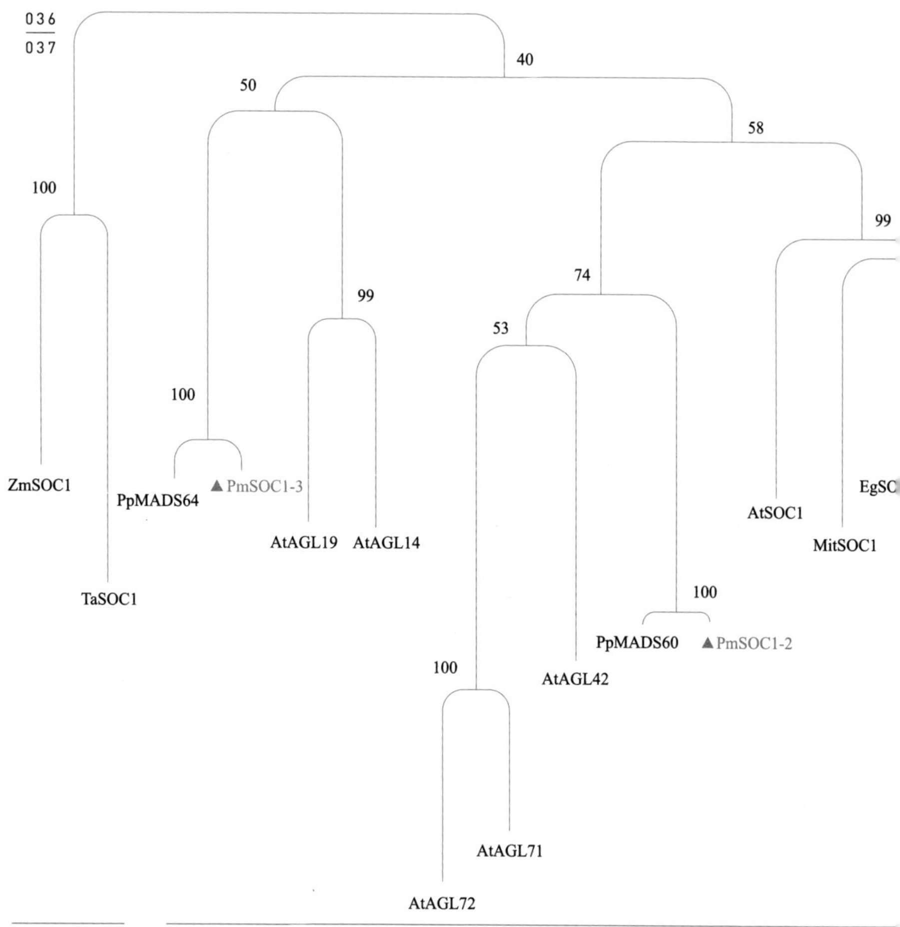

图❷-❽
梅花PmSOC1s与其他物种SOC1蛋白的系统进化分析

系统发育树中的基因序列如下：

杏	*Prunus armeniaca* [PaSOC1 (AGD88524)],
梅花	*Prunus mume* [PmSOC1-1 (AEQ20229), PmSOC1-2 (KP938964), PmSOC1-3 (KP938965)],
李	*Prunus salicina* [PsSOC1 (AGD88523)],
樱花	*Prunus × yedoensis* [PySOC1 (AEO20233)],

0.1

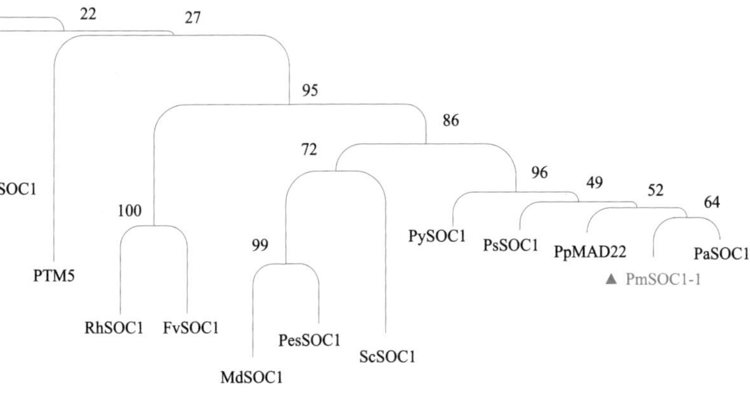

双子叶
植物组

麻叶绣线菊 *Spiraea cantoniensis* [ScSOC1 (AEO20234)],
石楠 *Photinia serratifolia* [PseSOC1 (AEO20232)],
苹果 *Malus domestica* [MdSOC1 (BAI49495)],
野草莓 *Fragaria vesca* [FvSOC1 (AEO20231)],
月季 *Rosa hybrid* [RhSOC1 (AEO20230)],
欧洲山杨 *Populus tremuloides* [PTM5 (AF377868)],
葡萄 *Vitis vinifera* [VvSOC1 (ACZ26527)],
巨桉 *Eucalyptus grandis* [EgSOC1 (XP_010053874)],
芒果 *Mangifera indica* [MiSOC1 (ADX97324)],
拟南芥 *Arabidopsis thaliana* [AtSOC1 (AEC10583), AtAGL42 (AED97572), AtAGL71 (AED96138), AtAGL72 (AED96136), AtAGL14 (AEE83062), AtAGL19 (AEE84684)],
小麦 *Triticum aestivum* [TaSOC1 (BAF56968)],
玉米 *Zea mays* [ZmSOC1 (ACG32892)].
桃 *Prunus persica* [PpMADS22位于桃染色体scaffold2:20,600,270…20,606,939, PpMADS60位于桃染色体scaffold2:28, 315,091…28,320,984, PpMADS64位于桃染色体scaffold5: 9,862,429…9,867,768]

2.2 梅花*PmSVPs*基因克隆与序列分析

2.2.1 梅花*PmSVPs*基因的克隆

以拟南芥（*A. thaliana*）SVP蛋白（GenBank ID: BAE98676）的氨基酸序列作为参考序列，在梅花基因组蛋白库中进行本地BLAST，搜索出2个*SVP*同源序列。根据它们的CDS序列分别设计引物，以梅花‘长蕊绿萼’叶片cDNA为模板，采用RT-PCR的方法进行扩增，克隆得到了这2个基因，分别命名为*PmSVP1*和*PmSVP2*。如图（图❷-❾）所示，*PmSVP1*和*PmSVP2*长度在680bp左右，与梅花基因组中的数据一致。根据梅花基因组数据，将*PmSVP1*和*PmSVP2*分别定位在梅花第1和第6条染色体上（图❷-❷）。

2.2.2 梅花*PmSVPs*基因序列分析

将克隆得到的2个片段经过回收、连接后，转化大肠杆菌进行测序，（图❷-❿）和（图❷-⓫）为测序得到的梅花2个*SVP*基因的CDS序列。其中，*PmSVP1*包含一个长度为687bp的CDS序列，编码228个氨基酸组成的蛋白质。*PmSVP2*包含一个长度为672bp的CDS序列，编码223个氨基酸组成的蛋白质。2个基因的相对分子质量分别为25.76和25.36kDa，理论等电点分别为5.81和9.11。与MADS-box家族的其他基因一样，*PmSVP1*和*PmSVP2*都是在N端含有一个MADS结构域，在中间含有一个K结构域。虽然2个基因与拟南芥*SVP*基因相似性最高的区域是MIK区域，但是在不保守的C末端也发现了一些相似性。将*PmSVP1*和*PmSVP2*的基因组序列分别与其CDS序列比对，发现*PmSVP1*和*PmSVP2*都含有9个外显子和8个内含子（图❷-⓬）。而且它们的剪接位点也都遵循经典的“GT-AG”剪切法则。且*PmSVP1*和*PmSVP2*的起始密码子都位于第2个外显子上，终止密码子都位于第9个外显子上。

2.2.3 梅花*PmSVPs*基因多序列比对与系统进化分析

利用DNAMAN将梅花*PmSVPs*基因推导的氨基酸序列与其他植物SVP蛋白的氨基酸序列进行同源比对（图❷-⓭），结果显示梅花PmSVP1与拟南芥SVP蛋白序列的同源性为63%，与蔷薇科中的桃PpSVP，沙梨PySOC1和苹果MdSVP的蛋白序列同源性更高，分别达到96%、83%和82%。而PmSVP2与蔷薇科植物SVP基因编码的氨基酸同源性则较低，如PmSVP2与桃、沙梨和苹果的SVP蛋白相似性分别为50%、52%和53%。氨基酸比对进一步发现，PmSVPs蛋白也含有保守性较强的MADS结构域和K结构域，以及保守性稍弱的I结构域和C端（图❷-⓭），与梅花PmSOC1s一样同属于TypeⅡ型MADS-box蛋白，并且与拟南芥中的*SVP*基因同属于MADS-box基因家族中的*STMADS11*亚家族。

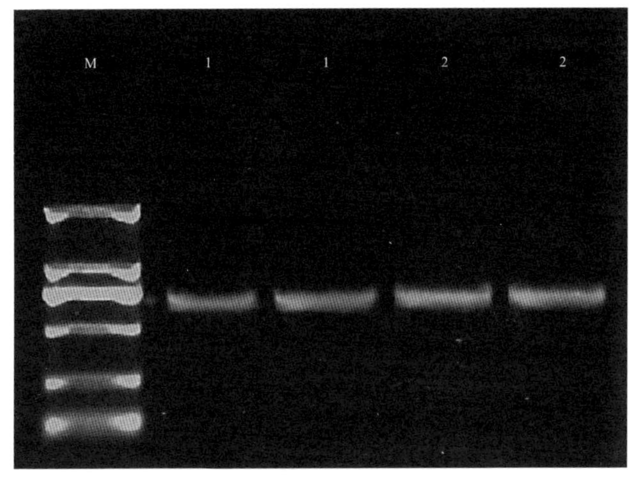

图❷-❾
梅花*PmSVPs*基因扩增PCR产物

M，DL2000；
1，*PmSVP1*；
2，*PmSVP2*

系统进化分析表明进化树明显分为两组（图❷-⑭）：梅花*PmSVP1*和*PmSVP2*与大多数双子叶植物*SVP*同源基因聚为一组，而大麦和水稻等单子叶植物的*SVP*同源基因单独聚为另一组。其中双子叶植物*SVP*同源基因又可以分为两个亚组：第一个亚组包含了梅花*PmSVP1*、拟南芥*AtSVP*以及一些木本植物*SVP*同源基因，第二个亚组则包含了梅花*PmSVP2*和马铃薯、乳浆大戟等草本植物中的*SVP*同源基因。此外，同时包含在第一个亚组中的还有拟南芥、山核桃等物种的*AGL24*基因以及梅花中与休眠相关的6个*PmDAM*基因（*PmDAM1-PmDAM6*）。有趣的是，在桃基因组中分别存在着与梅花2个*PmSVPs*、6个*PmDAM*基因相对应的同源基因（图❷-⑭），且这些基因在梅花和桃基因组中具有相似的分布模式。如在梅花中，*PmSVP1*位于1号染色体，*PmSVP2*位于6号染色体，6个*PmDAM*基因位于长度最长的2号染色体；而在桃中，*PpSVP1*位于6号染色体，*PmSVP2*位于8号染色体，6个*PpDAM*基因则位于长度最长的1号染色体（Xu et al., 2014; Wells et al., 2015）。这种相似性与前面提到的*SOC1*基因在梅花和桃中的分布相似性表明，MADS-box基因在梅花和桃中具有保守性。

图❷-⑩

梅花*PmSVP1*基因CDS与推导氨基酸序列

（注：阴影表示MADS结构域；下划线表示K结构域）

图❷-⑪

梅花*PmSVP2*基因CDS与推导氨基酸序列

（注：阴影表示MADS结构域；下划线表示K结构域）

1 ATGGCGAGGGAGAAGATTCAGATCAAGAAGATCGACAACGCCACGGCGAGGCAGGTGACC
M A R E K I Q I K K I D N A T A R Q V T

61 TTTTCCAAGCGGAGGAGAGGGCTTTTCAAGAAGGCTCAGGAGCTCTCCGTTCTCTGTGAT
F S K R R R G L F K K A Q E L S V L C D

121 GCAGATATTGCTCTTATCATCTTTTCTTCCACTGGAAAACTCTTTGAATACGCCAGCTCC
A D I A L I I F S S T G K L F E Y A S S

181 AGCACGAAGGAAATTCTAGAACGTCACAACTTGCACGCAAAGAATCTCTCGAAAATAGAA
S T K E I L E R H N L H A K N L S K I E

241 CAACCATCTCTTGAGTTACAGCTAGTGGAGAACAGCAACTACTCTGCGTTGAGCAAGGAA
Q P S L E L Q L V E N S N Y S A L S K E

301 ATTACAGCACAAAGTCAACAACTTAGGCAGATAAGGGGAGAAGAAATCCAAGGATTAAAT
I T A Q S Q Q L R Q I R G E E I Q G L N

361 TTGGAAGAATTGCAGCAACTGGAGAAGTCTCTTGAAGCTGGATTGGGCCGCGTAATAGAG
L E E L Q Q L E K S L E A G L G R V I E

421 AAAAAGGGTGAAAAGATTATGAAAGAGATCAGCGATCTCGAAAGCAATGCGATGCGATTG
K K G E K I M K E I S D L E S N A M R L

481 GTTGAAGAGAATGAACGGCTGAGACAGCAAGTGCTGGAGAAACATAATAGCCAGAGGCCG
V E E N E R L R Q Q V L E K H N S Q R P

541 GTTCGGGCCGATTCAGAAAACATGGTTATGGAGGAGGGTCAGTCATCAGAGTCTGTCACC
V R A D S E N M V M E E G Q S S E S V T

601 ACCAACCTCTGCAACTCTAACAGCGCTCCGCAAGACTATGAGAGCTCAGATACATCTCTC
T N L C N S N S A P Q D Y E S S D T S L

661 AAATTGGGGTTACCTTACTCTGGTTAA
K L G L P Y S G *

1 ATGACGAGGAGGAAAATCCAGATCAAGAAGATCGACAACACAACGGCGAGGCAGGTGACG
M I R R K I Q I K K I D N T T A R Q V T

61 TTTTCGAAAAGGAGGAGAGGGCTTTTCAAGAAAGCCCAGGAGCTCTCTACTCTCTGTGAT
F S K R R R G L F K K A Q E L S T L C D

121 GCTGAGATTGCTCTTGTAGTCTTCTCCGCTACTGGGAAGCTCTTTGAATTCACCAGCTCC
A E I A L V V F S A T G K L F E F T S S

181 AGCGTGCAACAAGTAATTGAAAGGCATCACCTGCTTTCTTCCGATTTTGACAAGTTGAAT
S V Q Q V I E R H H L L S S D F D K L N

241 CATCCATCTCTTGAGCTGCAGTCCTTTTGTATGTCTCCGCTTGAGAGCAGTACTTCCGCC
H P S L E L Q S F C M S P L E S S T S A

301 GCATTGAGCAAGGAAATTGCGGAGAAAACACATGAGCTGAGGAAGCTAAGGGGAGAAGAA
A L S K E I A E K T H E L R K L R G E E

361 CTCCAAGAACTAAACATGAAAGAGTTGCAGGAACTAGAGAAACTGCTCGGATCAGGATTG
L Q E L N M K E L Q E L E K L L G S G L

421 AGGCGTGTTAGAGATGCAAAGTGTGAAATTGTTCTGAAGGAGATCACCTCTCTTAAGTGG
R R V R D A K C E I V L K E I T S L K W

481 AAGGGATCCCAACTTATGCAAGAAAACAAGCGATTGAAGCAGATGGCAAACCGACAGGTC
K G S Q L M Q E N K R L K Q M A N R Q V

541 CAAACACTTGAACTTGAACAAGGCCAATCCTCCGAGCCAATAGGCAATTTCATCCATTCA
Q T L E L E Q G Q S S E P I G N F I H S

601 AACCCTTCGCAAGACCACGACAGCTCTGACACTTTTCTCAAGTTGGGGTTAGCTTTTCCT
N P S Q D H D S S D T F L K L G L A F P

661 AGCGGGATATGA
S G I *

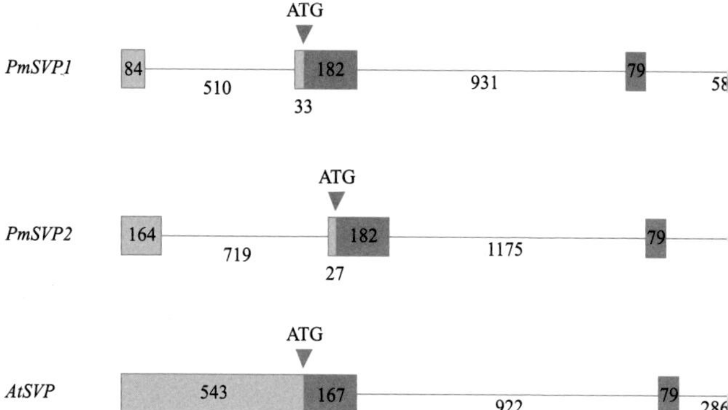

图❷-⑫

*SVP*同源基因的内含子/外显子结构示意图

（注：直线代表内含子，方框代表外显子，黑色方框为开放阅读框，数字代表内含子/外显子的长度，*AtSVP*：拟南芥*SVP*同源基因）

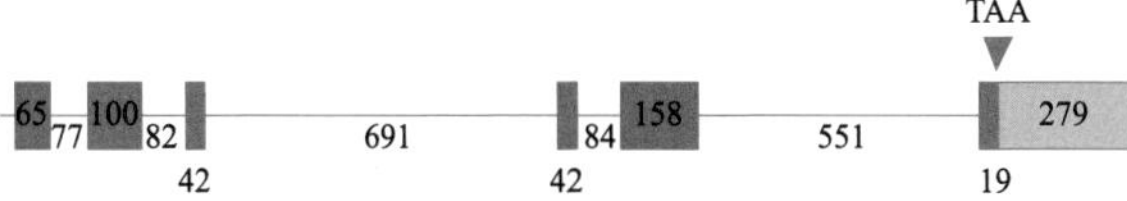
TAA
65
77
100
82
42
691
42
84
158
551
19
279

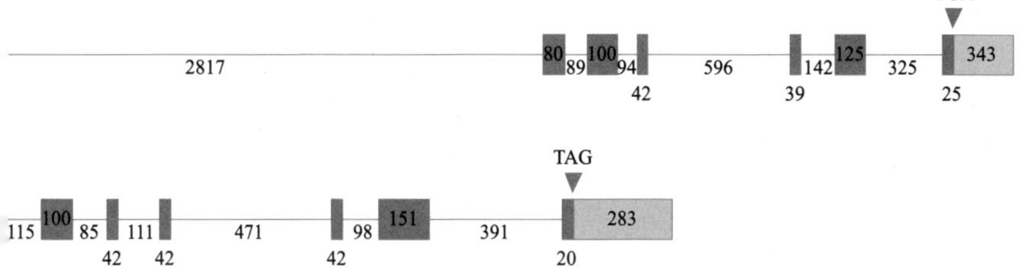
TGA
2817
80
89
100
94
42
596
39
142
125
325
25
343
TAG
115
100
85
42
111
42
471
42
98
151
391
20
283

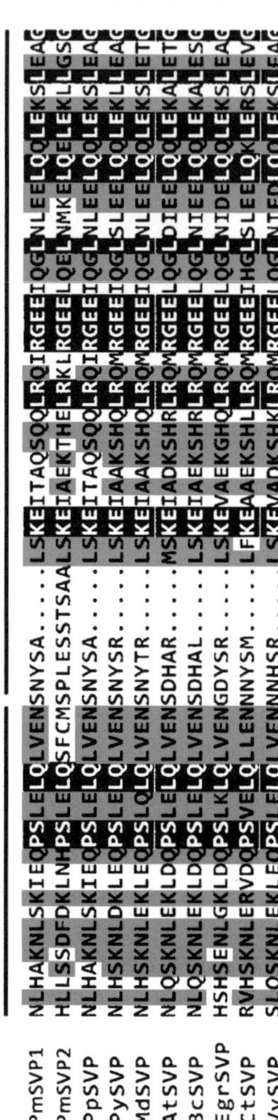
MADS-box
I-box
K-box
PmSVP1
PmSVP2
PpSVP
PySVP
MdSVP
AtSVP
BcSVP
EgrSVP
CtSVP
VvSVP

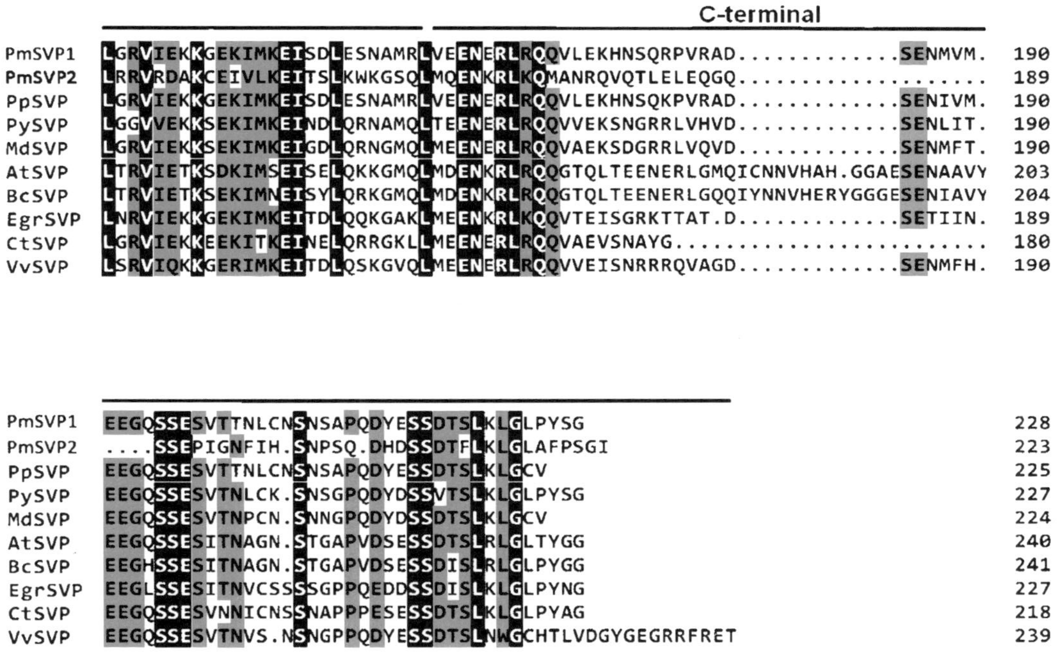

C-terminal

```
PmSVP1  LGRVIEKKGEKIMKEISDLESNAMRLVEENERLRQQVLEKHNSQRPVRAD............SENMVM.  190
PmSVP2  LRRVRDAKCEIVLKEITSLKWKGSQLMQENKRLKQMANRQVQTLELEQGQ..................  189
PpSVP   LGRVIEKKGEKIMKEISDLESNAMRLVEENERLRQQVLEKHNSQKPVRAD............SENIVM.  190
PySVP   LGGVVEKKSEKIMKEINDLQRNAMQLTEENERLRQQVVEKSNGRRLVHVD............SENLIT.  190
MdSVP   LGRVIEKKSEKIMKEIGDLQRNGMQLMEENERLRQQVAEKSDGRRLVQVD............SENMFT.  190
AtSVP   LTRVIETKSDKIMSEISELQKKGMQLMDENKRLRQQGTQLTEENERLGMQICNNVHAH.GGAESENAAVY  203
BcSVP   LTRVIETKSEKIMNEISYLQRKGMQLMDENKRLRQQGTQLTEENERLGQQIYNNVHERYGGGESENIAVY  204
EgrSVP  LNRVIEKKGEKIMKEITDLQQKGAKLMEENKRLKQQVTEISGRKTTAT.D............SETIIN.  189
CtSVP   LGRVIEKKEEKITKEINELQRRGKLLMEENERLRQQVAEVSNAYG.......................  180
VvSVP   LSRVIQKKGERIMKEITDLQSKGVQLMEENERLRQQVVEISNRRRQVAGD............SENMFH.  190

PmSVP1  EEGQSSESVTTNLCNSNSAPQDYESSDTSLKLGLPYSG   228
PmSVP2  ....SSEPIGNFIH.SNPSQ.DHDSSDTFLKLGLAFPSGI   223
PpSVP   EEGQSSESVTTNLCNSNSAPQDYESSDTSLKLGCV   225
PySVP   EEGQSSESVTNLCK.SNSGPQDYDSSVTSLKLGLPYSG   227
MdSVP   EEGQSSESVTNPCN.SNNGPQDYDSSDTSLKLGCV   224
AtSVP   EEGQSSESITNAGN.STGAPVDSESSDTSLRLGLTYGG   240
BcSVP   EEGHSSESITNAGN.STGAPVDSESSDISLRLGLPYGG   241
EgrSVP  EEGLSSESITNVCSSSSGPPQEDDSSDISLKLGLPYNG   227
CtSVP   EEGQSSESVNNICNSSNAPPPESESSDTSLKLGLPYAG   218
VvSVP   EEGQSSESVTNVS.NSNGPPQDYESSDTSLNWGCHTLVDGYGEGRRFRET   239
```

图2-13
梅花与其他物种*SVP*基因的氨基酸多序列比对

PpSVP，桃*Prunus persica*；
PySVP，沙梨*Pyrus pyrifolia*；
MdSVP，苹果*Malus domestica*；
AtSVP，拟南芥*Arabidopsis thaliana*；
BcSVP，芜菁*Brassica rapa*；
EgrSVP，巨桉*Eucalyptus grandis*；
CtSVP，枳*Citrus trifoliata*；
VvSVP，葡萄*Vitis vinifera*

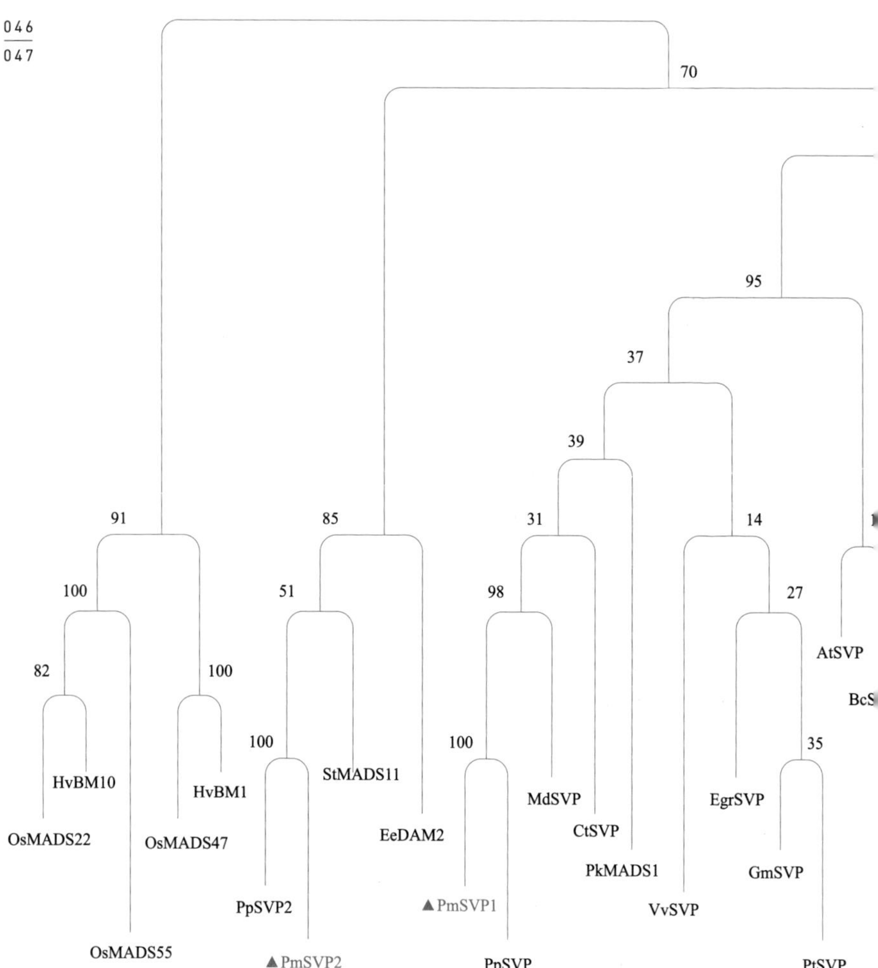

单子叶
植物组

图❷-⑭

梅花PmSVPs与其他物种SVP蛋白的系统进化分析

系统发育树中的基因序列如下：

梅花	*Prunus mume* [PmDAM1 (BAK78921), PmDAM2 (BAK78922), PmDAM3 (BAK78923), PmDAM4 (BAK78924), PmDAM5 (BAK78920), PmDAM6 (BAH22477), PmSVP1 (KT803845), PmSVP2 (KT803846)],
桃	*Prunus persica* [PpDAM1 (ABJ96361), PpDAM2 (ABJ96363), PpDAM3 (ABJ96364), PpDAM4 (ABJ96358), PpDAM5 (ABJ96359), PpDAM6 (ABJ96360), PpSVP1 (KT803845), PpSVP2 (KT803846)],
大王花	*Rafflesia cantleyi* [RcMADS1 (AGR42634)],
山核桃	*Carya cathayensis* [CcAGL24 (AHI85951)],
芜菁	*Brassica rapa* [BcSVP (ABI96183), BcAGL24 (XP009138207)],
毛白杨	*Populus tomentosa* [PtSVP (AGW52143)],

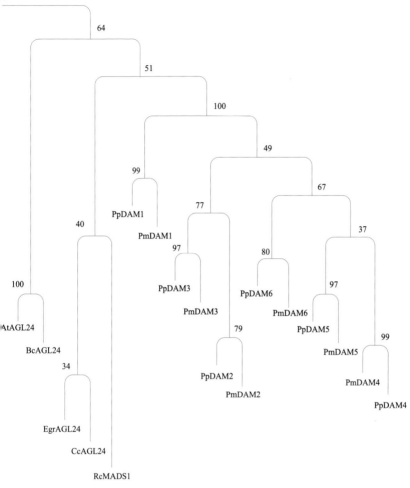

双子叶
植物组

大豆　*Glycine max* [GmSVP (ACJ61500)],
巨桉　*Eucalyptus grandis* [EgrSVP (XP 010053874), EgrAGL24 (XP 018731857)],
葡萄　*Vitis vinifera* [VvSVP (AFC96914)],
泡桐　*Paulownia kawakamii* [PkMADS1 (AAF22455)],
枳　*Citrus trifoliata* [CtSVP(ACJ09170)],
苹果　*Malus domestica* [MdSVP(NP 001280915)],
沙梨　*Pyrus pyrifolia* [PySVP (AJW29050)],
乳浆大戟　*Euphorbia esula* [EeDAM2 (ABY60423)],
马铃薯　*Solanum tuberosum* [StMADS11 (AAB94006)],
拟南芥　*Arabidopsis thaliana* [AtSVP (BAE98676), AtAGL24 (NP 194185)],
水稻　*Oryza sativa* [OsMADS22 (BAD93335), OsMADS47 (AAQ23142), OsMADS55 (AAQ23144)],
大麦　*Hordeum vulgare* [HvBM1 (CAB97350), HvBM10 (ABM21529)]。

2.3 梅花 *PmLFYs*基因克隆与序列分析

2.3.1 梅花*PmLFYs*基因的克隆

以拟南芥（*A. thaliana*）LFY蛋白（GenBank ID: NP_200993.1）的氨基酸序列作为参考序列，在梅花基因组蛋白库中进行本地BLAST，搜索出1个*LFY*同源序列。根据基因组注释的CDS序列设计引物，以梅花‘长蕊绿萼’叶片cDNA为模板，采用RT-PCR的方法进行扩增，电泳显示得到了一条约1250bp的清晰条带（图❷-⑮），与梅花基因组中的数据基本一致。根据梅花基因组数据，将其定位在梅花第7条染色体上（图❷-❷）。

2.3.2 梅花*PmLFYs*基因序列分析

将克隆得到的片段纯化后与T载体连接，转化大肠杆菌感受态细胞，菌液PCR检测后送中美泰和公司进行测序。测序结果显示，与梅花基因组测序中得到一条*LFY*基因结果不同，通过设计的引物克隆得到了2个梅花*LFY*同源基因CDS序列（图❷-⑯），分别命名为*PmLFY1*和*PmLFY2*。*PmLFY1*和*PmLFY2*各自包含1230和1242bp的CDS序列，分别编码409和413个氨基酸（图❷-⑰）。2个基因的相对分子质量分别为45.27和45.70kDa，理论等电点分别为7.69和6.68。通过BLAST比对，PmLFY1和PmLFY2的蛋白同源性为97.3%。两个序列存在13个单碱基位点差异，其中6个为同义突变位点，7个为错义突变位点；与*PmLFY1*相比，*PmLFY2*在CDS的628位有4个3碱基插入（或缺失），致使编码的氨基酸序列在210位后连续插入了一个天冬氨酸（Asp，D）、一个天冬酰胺（Asn，N）、一个谷氨酸（Glu，E）和一个天冬氨酸（Asp，D）。与*LFY*基因家族的其他同源蛋白类似，*PmLFY1*和*PmLFY2*都包含两个保守的结构域N-domain和C-domain。

2.3.3 梅花*PmLFYs*同源基因编码区全长的获得与结构分析

以梅花‘长蕊绿萼’嫩叶为试验材料，进行总DNA提取。以提取的梅花嫩叶总DNA为模板，分别根据*PmLFY1*和*PmLFY2*的CDS序列设计引物，采用RT-PCR的方法进行扩增，得到了这2个基因的编码区全长，（图❷-⑱）显示了*PmLFY1*和*PmLFY2*编码区序列的电泳结果，均获得了单一清晰的条带，长度约为2160bp。将扩增得到的2个片段进行测序，测序得到*PmLFY1*和*PmLFY2*基因的编码区序列全长分别为2132和2162bp（图❷-⑲）。将*PmLFY1*和*PmLFY2*的编码区序列全长分别与其CDS序列比对，发现*PmLFY1*和*PmLFY2*都含有3个外显子和2个内含子（图❷-⑳）。进一步研究基因的剪切规律，发现内含子/外显子结构完全符合“GT-AG”的剪切规律，每个内含子序列两侧都具备GT、AG的剪切信号。与拟南芥、葡萄等物种*LFY*同源基因的基因结构相比，*PmLFY1*和*PmLFY2*基因的外显子、内含子数量与同源基因相同。*LFY*同源基因间外显子的大小差异不大，但内含子长度差异较大（图❷-⑳）。

2.3.4 梅花*PmLFYs*基因多序列比对与系统进化分析

利用DNAMAN将*PmLFY1*和*PmLFY2*编码的氨基酸序列与其他植物LFY蛋白进行同源比对（图❷-㉑），比对结果表明*PmLFY1*和*PmLFY2*与木本植物同源基因的同源性很高，特别是与蔷薇科桃、温桲、苹果、砂梨、枇杷等果树的同源性均高于90%；与拟南芥、草莓、矮牵牛等草本植物的同源性也较高，分别为82%、87%和87%。它们的保守氨基酸序列主要集中分布在C-端区域，而且不管是单子叶、双子叶等被子植物还是裸子植物，这一区域的氨基酸序列均具有非常强的保守性，说明3’端是在最强的选择压力下进化形成的，因此推测这一区域是*LFY*基因功能作用的必需区域（Shu et al., 2000; Maizel et al., 2005）。*LFY*基因这种在亲缘关系较远的物种间具有较高的同源性现象，说明*LFY*作为成花基因在进化上具有较高的保守性。同时，氨基酸序列显示*PmLFY1*和*PmLFY2*在N端和中间区域还具有丙氨酸富集区以及碱性和酸性结构域（图❷-㉑），另外在第66-102个氨基酸中存在明显的亮氨酸拉链结构，即每7个氨基酸中的第7个氨基酸为亮氨酸。上述结构特点均为转录因子具备的特征。因此，*PmLFY1*和*PmLFY2*可能具有转录因子的功能。

进一步利用MEGA5软件的邻接法（Neighbor-Joining，NJ），对PmLFY1、PmLFY2与其他物种LFY同源蛋白进行系统进化分析，构建系统发育树（图❷-㉒）。系统进化树显示，所有序列明显划分为3组：PmLFY1和PmLFY2与大多数双子叶植物LFY同源基因聚为一组；水稻、玉米和百合等单子叶植物的LFY同源基因单独聚为第二组；银杏、辐射松、华山松以及挪威云杉等裸子植物的LFY同源基因聚为第三组。在双子叶植物组中，PmLFY1和PmLFY2首先与桃LFY同源基因编码蛋白聚在一起，然后与蔷薇科其他物种的同源基因编码蛋白聚在一起，这与形态学分类的结果一致。

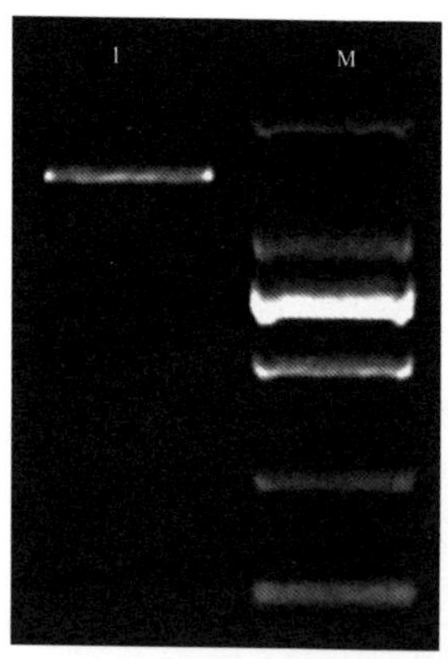

图❷-⑮
梅花*LFY*基因扩增PCR产物

M，DL2000；
1，*PmLFY*

```
PmLFY1  ATGGATCCAGACGCCTTCTCAGCGAGCCTCTTCAAGTGGGACCTACGAGGCATGGTTGTTCCGCCGAGTC  70
PmLFY2  ----------------------------------------------------------------------  70
        GGGCTCAGCTAGAAGCCACCGTGACGCCTCAAGCTGCAGCTGCGGCTTACGCTGCCTTGAGGCCCCCGAG  140
        -----------------G-T-----------------G------------------G-------------  140
        AGAGCTCGGAGGGCTTGAGGACTTATTCCAGGCTTATGGGGTCAGATACTACACGGCAGCGAAGATAGCC  210
        ----------------------------------------------------------------------  210
        GAGCTTGGCTTTACTGTCAACACCCTTTTGGATATGAGGGACGGTGAGCTTGACGACATGATGAGTAGCC  280
        -----C----------------------------------------------------------------  280
        TCTCTCAGATATTCAGGTGGGATTTGCTTGTGGGTGAGAGGTACGGTATCAAAGCCGCCGTCAGAGCAGA  350
        ---G---------------------------------------------------------A--------  350
        GCGTCGCCGCCTCGATGACGAGGACTCGAGGCGGCGCCACACCGTCTCCGGCGACACCACCACCACCAAT  420
        -------------------------------------------A--------------------------  420
        GCCCTAGATGCTCTCTCCCAAGAAGGGTTGTCGGAGGAGCCGGTGCAACAAGAGAAGGAGATGGTGGGGA  490
        ----------------------------------------------------------------------  490
        GCGGCGGAGGGGCCGCGTGGGAAGTGGTGGCGGCGGCGGGGGAGAAGCGGAAGAAGCAGCGAAGGACGAG  560
        ----------------------------------------------------------------------  560
        GAAGGGGCAATATAGGAATTTCAATGGCATCGGAGGGGGGCATAATAATGATCATAATGAGGGTGTG...  627
        -------------------------------------------------------------------GAC  630
        .........GACAACGACATGGACGACATGAATGGGCACGGGAACGGTGCAGGAGGGGGGTTGCTGAGCG  688
        AACGAGGAC-------------------------------------------------------------  700
        AGAGGCAGAGGGAGCACCCGTTCATTGTGACTGAGCCTGGGGAGGTGGCACGTGGCAAAAAGAACGGCCT  758
        ----------------------------------------------------------------------  770
        AGATTACCTCTTCCATCTCTACGAGCAGTGCCGTGATTTCTTGATCCAGGTTCAAAACATTGCAAAGGAG  828
        --------------------------------------------------C------------------T  840
        CGCGGTGAAAAATGTCCAACCAAGGTAACAAACCAAGTGTTTAGGTTTGCAAAAAAGGCAGGGGCAAGCT  898
        ----------------------------------------------------------------------  910
        ACATCAACAAGCCCAAGATGCGACACTACGTGCATTGCTATGCGCTGCATTGCTTGGACGAGGAGGCCTC  968
        ----------------------------------------------------------------------  980
        CAATGCACTGAGGAGAGTTTTTAAGGAGAGAGGCGAAAATGTGGGGGCCTGGAGACACGCATGTTACAAG  1038
        ----------------------------------------------------------------------  1050
        CCTCTTGTGGCCATTGCAGCAGGCCAAGGCTGGGACATTGATGCCATCTTCAATTCTCATCCCCGACTGT  1108
        --------------------------------------------------------------------C-  1120
        CCATTTGGTATGTTCCCACCAAGCTCCGTCAGCTTTGTCACACCGAGCGCAACAATGCCACAGCCTCTAG  1178
        ----------------------------------------------------T-----------------  1190
        CTCTGCCTCCGGTGGTGGTGGTGGTGGCAGTGATCACCTACCCTACTGA  1230
        ----------------------------G--------------------  1242
```

```
PmLFY1  MDPDAFSASLFKWDLRGMVVPPSRAQLEATVIPQAAAAAYAALRPPRELGGLEDLFQAYG  60
PmLFY2  -----------------------------A------------V-----------------  60
        VRYYTAAKIAELGFTVNTLLDMRDGELDDMMSSLSQIFRWDLLVGERYGIKAAVRAERRR  120
        ----------------------------------C------------------I------  120
        LDDEDSRRRHTVSGDTTTTNALDALSQEGLSEEPVQQEKEMVGSGGGAAWEVVAAAGEKR  180
        -----------I------------------------------------------------  180
        KKQRRTRKGQYRNFNGIGGGHNNDHNEGV...DNDMDDMNGHGNAGGGLLSERQREHP  236
        -----------------------------DNED--------------------------  240
        FIVTEPGEVARGKKNGLDYLFHLYEQCRDFLIQVQNIAKERGEKCPTKVTNQVFRFAKKA  296
        ---------------------------------------D--------------------  300
        GASYINKPKMRHYVHCYALHCLDEEASNALRRVFKERGENVGAWRHACYKPLVAIAAGQG  356
        ------------------------------------------------------------  360
        WDIDAIFNSHPRLSIWYVPIKLRQLCHTERNNATASSSASGGGGGGGSDHLPY  409
        -----------------------------------------------G-----  413
```

图2-16

梅花*PmLFY1*和*PmLFY2*基因的CDS序列

（注：阴影表示两序列之间的差异位点）

图2-17

梅花*PmLFY1*和*PmLFY2*基因推导的氨基酸序列

（注：阴影表示两序列之间的差异位点）

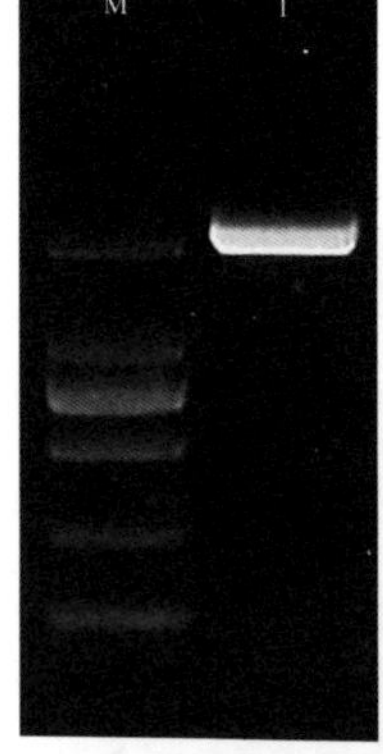

*PmLFY1*和*PmLFY2* DNA
序列扩增PCR产物

M，DL2000；
1，*PmLFY1*；
2，*PmLFY1*

```
PmLFY1  ATGGATCCAGACGCCTTCTCAGCGAGCCTCTTCAAGTGGGACCTACGAGGCATGGTTGTTCCGCCGAGTCGGGCTCAGCT   80
PmLFY2  --------------------------------------------------------------------------------   80
        AGAAGCCACGTGACGCCTCAAGCTGCAGCTGCGGCTTACGCTGCCTTGAGGCCCCCGAGAGAGCTCGGAGGGCTTGAGG  160
        ------G-T--------------G---------------G--------------------------------------   160
        ACTTATTCCAGGCTTATGGGGTCAGATACTACACGGCAGCGAAGATAGCCGAGCTTGGCTTTACTGTCAACACCCTTTTG  240
        -----------------------------------------------------C--------------------------  240
        GATATGAGGGACGGTGAGCTTGACGACATGATGAGTAGCCTCTCTCAGATATTCAGGTGGGATTTGCTTGTGGGTGAGAG  320
        -------------------------------------------G------------------------------------  320
        GTACGGTATCAAAGCCGCCGTCAGAGCAGAGCGTCGCCGCCTCGATGACGAGGACTCGAGGCGGCGCCACACCGTCTCCG  400
        -------------------A-------------------------------------------------A----------  400
        GCGACACCACCACCACCAATGCCCTAGATGCTCTCTCCCAAGAAGGTTCGTTAGTCACTATTACATGAATTCCTAGAATG  480
        --------------------------------------------------------------------------------  480
        AAAATTTACATGTTAGCATAAAATTATACACGCAATATTTCATCATAAGATGCAAAATTATTTAATCAATTTGTTACAAT  560
        --------------------------------------------------------------------------------  560
        ATTTCATCATAAAACATTTTTTTTTATATGAATCGAACAAAAAACTAATTTTTATTTAATAATATAACATGTGAAACTAT  640
        ----------------.-------------------------C-------------------------------------  639
        TTAATTGTTACCATATTTCGTCATAAAACATTTTTAATATGTATGTATATGACATGGGGTGCATGGGATTGTAGGGTTGT  720
        --------------------------------------------------------------------------------  719
        CGGAGGAGCCGGTGCAACAAGAGAAGGAGATGGTGGGGAGCGGCGGAGGGGCCGCGTGGGAAGTGGTGGCGGCGGCGGGG  800
        --------------------------------------------------------------------------------  799
        GAGAAGCGGAAGAAGCAGCGAAGGACGAGGAAGGGGCAATATAGGAATTTCAATGGCATCGGAGGGGGGCATAATAATG  880
        --------------------------------------------------------------------------------  879
        TCATAATGAGGGTGTC...........GACAACGACATGGACGACATGAATGGGCACGGGAACGGTGCAGGAGGGGGGT  948
        ----------------GACAACGAGGAC----------------------------------------------------  959
        TGCTGAGCGAGAGGCAGAGGGAGCACCCGTTCATTGTGACTGAGCCTGGGGAGGTGGCACGTGGCAAAAAGAACGGCCTA 1028
        -------------------------------------------------------------------------------- 1039
        GATTACCTCTTCCATCTCTACGAGCAGTGCCGTGATTTCTTGATCCAGGTTCAAAACATTGCAAAGGAGCGCGGTGAAAA 1108
        ------------------------------------------------C-------------------T----------- 1119
        ATGTCCAACCAAGGTACGGAGTTTACCCAACACCCCCGTCTTCATAACCTAAATGCATACGCTGATTTATACTGTGGTAA 1188
        -------------------------------------------------------------------------------- 1199
        ATAGTAAATACTAAAATAGTAACTTGTCGCATGGACTATCATTCCTGGTCAATGTGGTCCCGTTCCGCAAGTACAAACA 1268
        -------------------------------------------------------------A------------------ 1279
        AATACAATCTAGTGGCCCGACAGTTTCAATTGGAAAGGCCTGCTGACAGCATCAATATAATGTTTGAGCTAAC....... 1341
        ------------------------------------------------------------------T-----TCTGGAC 1359
        ........TTCATTGATTATGTGGCAGACTAAGTTCACAATAATTTTTTTGAAAAAGATCATTGTGAATAAGATC 1408
        CGGGTCTGAATTT-----------------------------------------------------------T---- 1439
        ATATTCCTACTTTGGTCTATACCTGATCTGCTTTATTAGAAATATATAGTGATTCCAGTAATGATGTTAATATGACGTAG 1488
        --C-----------T---------G------------------------------------------------------- 1519
        AATTGGATAATTGGTTAGCTTAATAAAGGTAGAGATTTTCACACTCACATTTGTTAACTCCGCACTTTGTTATATTTTG 1568
        ----------------------------------------------G--A---T----T--------------------- 1599
        ATGATCTATCATCTACTTTTATTTCTCAAAGTAGAAAAACAATAGAAAAGTGCAAACGGATAAAATCGGAGTGTGAAAGT 1648
        -------------------------------------------------------------------------------- 1679
        CGCCACCCTTAGGTATCCAATATTTGTAAATAATGAATGATTTATCTTGTGACCATGACAAGTGAATTGTTGTGTTTTGG 1728
        -------------------------------------------------------------------------------- 1759
        TTGTGTGAACATCAATTATTGTGCAGGTAACAAACCAAGTGTTTAGGTTTGCAAAAAAGGCAGGGGCAAGCTACATCAAC 1808
        ------------.------------------------------------------------------------------- 1838
        AAGCCCAAGATGCGACACTACGTGCATTGCTATGCGCTGCATTGCTTGGACGAGGAGGCCTCCAATGCACTGAGGAGAGT 1888
        -------------------------------------------------------------------------------- 1918
        TTTTAAGGAGAGAGGCGAAAATGTGGGGGCCTGGAGACACGCATGTTACAAGCCTCTTGTGGCCATTGCAGCAGGCCAAG 1968
        -------------------------------------------------------------------------------- 1998
        GCTGGGACATTGATGCCATCTTCAATTCTCATCCCCGACTGTCCATTTGGTATGTTCCCACCAAGCTCCGTCAGCTTTGT 2048
        ----------------------------------------C--------------------------------------- 2078
        CACACCGAGCGCAACAATGCCACAGCCTCTAGCTCTGCCTCCGGTGGTGGTGGTGGTGGTGGCAGTGATCACCTACCCTA 2128
        ----------T---------------------------------------------------G----------------- 2158
        CTGA                                                                             2132
        ----                                                                             216
```

图2-19

*PmLFY1*和*PmLFY2*编码区全长

（注：阴影部分分别为内含子1和内含子2区域）

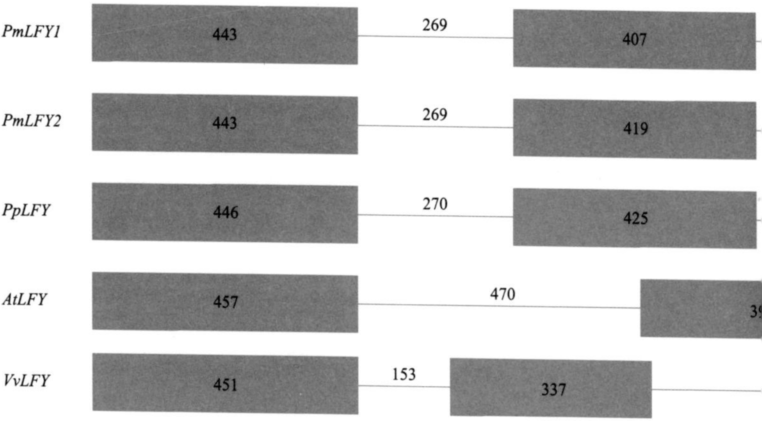

图❷-⑳

*LFY*同源基因的内含子/外显子结构示意图

（注：直线代表内含子，黑色方框为开放阅读框，数字代表内含子/外显子的长度。*PpLFY*：桃*LFY*同源基因；*AtLFY*：拟南芥*LFY*同源基因；*VvLFY*：葡萄*LFY*同源基因）

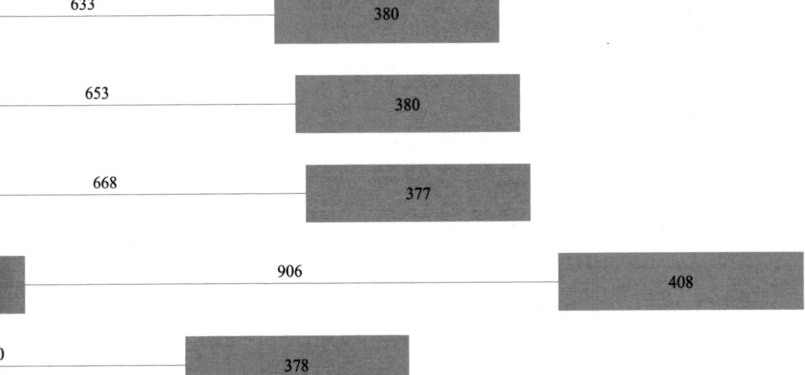
633
380
653
380
668
377
906
408
378

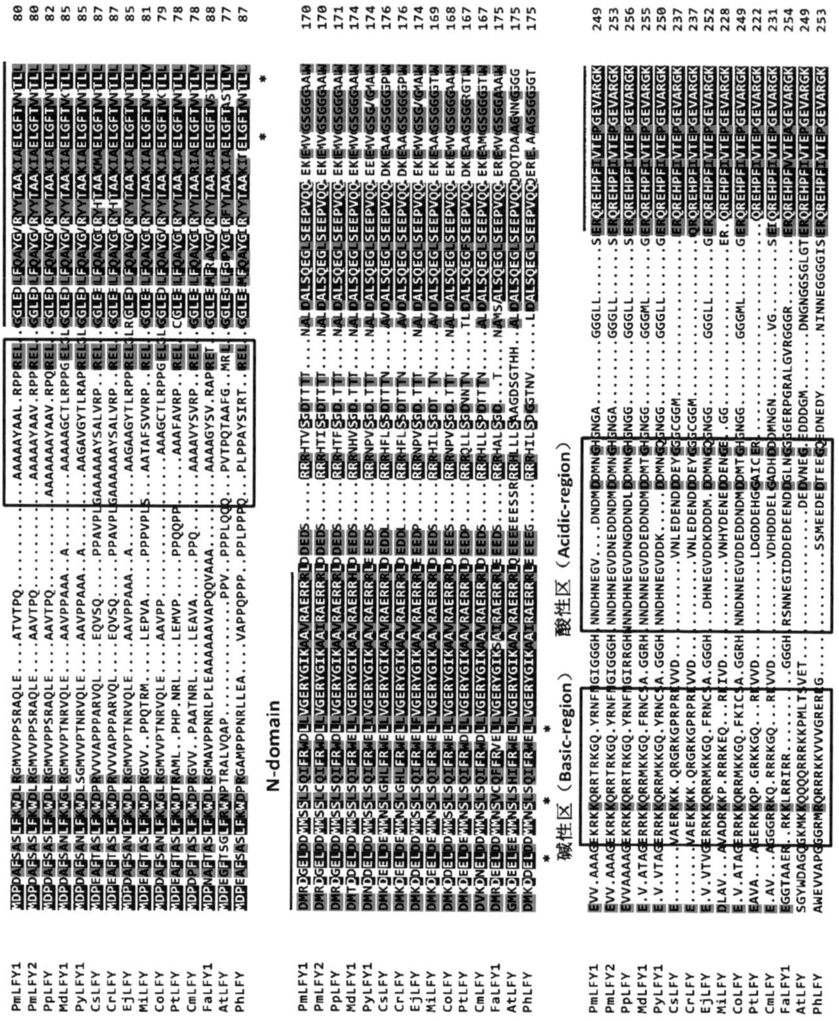

丙氨酸富集区（Ala-rich）　N-domain

```
PmLFY1   MDPDAFSASLFKWDLRGMVVPPSRAQLE....ATVTPQ.............AAAAAYAAL.RPPREL..GGLEDLFQAYGVRYYTAAKIAELGFTVNTLL   80
PmLFY2   MDPDAFSASLFKWDLRGMVVPPSRAQLE....AAVTPQ.............AAAAAYAAV.RPPREL..GGLEDLFQAYGVRYYTAAKIAELGFTVNTLL   80
PpLFY    MDPDAFSASLFKWDLRGMVVPPSRAQLE....AAVTPQ...........AAAAAAAYAAV.RPQREL..GGLEDLFQAYGVRYYTAAKIAELGFTVNTLL   82
MdLFY1   MDPDAFSANLFKWGLRGMVVPTNRVQLE....AAVPPAAA..A.........AAAAAGCTLRPPGELGLGGLEDLFQAYGVRYYTAAKIAELGFTVKTLL   85
PyLFY1   MDPDAFSANLFKWDLSGMVVPTNRVQLE....AAVPPAAA..A...........AAGAVGYTLRAPRELGLGGLEDLFQAYGVRYYTAAKIAELGFTVNTLL   85
CsLFY    MDPEAFTASLFKWDPRVVVAPPPARVQL....EQVSQ.....PPAVPLGAAAAAAYSALVRP..REL..GGLEELFQAYGIRYHTAAKMAELGFTVNTLL   87
CrLFY    MDPEAFTASLFKWDPRVVVAPPPARVQL....EQVSQ.....PPAVPLGAAAAAAYSALVRP..REL..GGLEELFQAYGIRYHTAAKIAELGFTVNTLL   87
EjLFY    MDPDAFSANLFKWDLRGMVVPTNRVQLE....AAVPPAAA..A...........AAGAAGYTLRPPRELGLRGLEDLFQAYGVRYYTAAKIAELGFTVNTLL   85
MiLFY    MDPEAFTASLFKWDPRGVV..PPQTRM.....LEPVA.....PPPVPLS....AATAFSVVRP..REL..GGLEELFQAYGIRYYTAAKIAELGFTVNTLV   81
CoLFY    MDPDAFSANLFKWGLRGMVVPTNRVQLE....AAVPP...................AAAGCTLRPPGELGLGGLEDLFQAYGIRYYTAAKIAELGFTVKTLL   79
PtLFY    MDPEAFTASLFKWDTRAML..PHP.NRL....LEMVP.....PPQQPP.......AAAFAVRP..REL..CGLEELFQAYGIRYYTAAKIAELGFTVNTLL   78
CmLFY    MDPDPFTASLFKWDPRGVV..PAATNRL....LEAVA.....PPQ..........AAAAVYSVRP..REL..GGLEELFQAYGIRYYTAARIAELGFTVNTLV   78
FaLFY1   MDPNAFTASLFKWDLRGMAVPPNRLPLEAAAAAAVAPQQVAAA...........AAAAGYSV.RAPRET..GGLEEMFRAYGVRYYTAARIAELGFTVSTLL   88
AtLFY    MDPEGFTSGLFRWNPTRALVQAP..............PPV..PPPLQQQ...PVTPQTAAFG..MRL..GGLEGLFGPYGIRFYTAAKIAELGFTASTLV   77
PhLFY    MDPEAFSASLFKWDPRGAMPPPNRLLEA....VAPPQPPP..PPLPPPQ...PLPPAYSIRT..REL..GGLEEMFQAYGIRYYTAAKITELGFTVNTLL   87
                                                                                                                 *      *
```

N-domain

```
PmLFY1   DMRDGELDDMMSSLSQIFRWDLLVGERYGIKAAVRAERRRLDDEDS.....RRRHTVSGDTTTT....NALDALSQEGLSEEPVQQ.EKEMVGSGGGAAW   170
PmLFY2   DMRDGELDDMMSSLCQIFRWDLLVGERYGIKAAIRAERRRLDDEDS.....RRRHTISGDTTTT....NALDALSQEGLSEEPVQQ.EKEMVGSGGGAAW   170
PpLFY    DMRDGELDDMMSSLSQIFRWDLLVGERYGIKAAVRAERRRLDDEDS.....RRRHTFSGD.TTT....NALDALSQEGLSEEPVQQ.EKEMVGSGGGAAW   171
MdLFY1   DMTDDELDDMMSSLSQIFRWELLVGERYGIKAAVRAERRHLDEEDS.....RRRNHVSGD.TTT....NALDALSQEGLSEEPVQQ.EKEMVGSGGGAAW   174
PyLFY1   DMNDDELDDMMSSLSQIFRWELIVGERYGIKAAVRAERRRLEEEDS.....RRRNPVSGD.TTT....NALDALSQEGLSEEPVQQ.EEEMVGSG/GMAW   174
CsLFY    DMKDEELDEMMNSLGHLFRWELLVGERYGIKAAVRAERRRLDEDDL.....RRRHFLSSDTTTN.....AVDALSQEGLSEEPVQQ.DKEAAGSGGGPW   176
CrLFY    DMKDEELDEMMNSLGHLFRWELLVGERYGIKAAVRAERRRLDEDDL.....RRRHFLSSDTTTN.....AVDALSQEGLSEEPVQQ.DKEAAGSGGGPW   176
EjLFY    DMKDDELDDMMSSLSQIFRWELFVGERYGIKAAVRAERRRLEEEDP.....RRRNPVSGD.TTT....NALDALSQEGLSEEPVQQ.EKEMVGSG/GMAW   174
MiLFY    DMKDEELDEMMNSLSQIFRWELLVGERYGIKAAVRAERRRLDEEDS.....RRRHILSGDT.TN.....AVDALSQEGLSEEPVQQ.EKEAAGSGGGTW   169
CoLFY    DMKDDELDDMMSSLSQIFRWELLVGERYGIKAAVRAERRRLDEEES.....RRRNPVSGD.TTT....NALDALSQEGLSEEPVQQ.EKEMVGSGGGAAW   168
PtLFY    DMKDEELDEMMNSLSQIFRWDLLVGERYGIKAAVRAERRRLDEEDP.....RRRQLLSGDNNTN.....TLDALSQEGFSEEPVQQ.DKEAAGSGGRGTW   167
CmLFY    DVKDNELDDMMNSLSQIFRWDLLVGERYGIKAAVRAERRRLDEEDS.....RRRHLLSPDTTTN.....ALDALSQEGLSEEPVQQ.EKEAMGSGGGTW   167
FaLFY1   DMRDEELDDMMNSVCQFFRVELLVGERYGIKSAIRAERRRLEEEDS.....RRRHALSGD...T....NAMSALSQEGLSEEPVQQ.EREMVGSGGAAAW   175
AtLFY    GMKDEELEEMMNSLSHIFRWELLVGERYGIKAAVRAERRRLQEEEEEESSRRRHLLLSAAGDSGTHH..ALDALSQEGLSEEPVQQQDQTDAAGNNGGGG   175
PhLFY    DMKDDELDDMMNSLSQIFRWELLVGERYGIKAAIRAERRRLEEEEG.....RRRHILSDGGTNV......LDALSQEGLSEEPVQQQERE.AAGSGGGT   175
               *       *        *
```

碱性区（Basic-region）　酸性区（Acidic-region）

```
PmLFY1   EVV.AAAGEKRKKQRRTRKGQ.YRNFMGIGGGH.NNDHNEGV....DNDMDDMNGHGNGA........GGGLL......SERQREHPFIVTEPGEVARGK   249
PmLFY2   EVV.AAAGEKRKKQRRTRKGQ.YRNFMGIGGGH.NNDHNEGVDNEDDNDMDDMNGHGNGA........GGGLL......SERQREHPFIVTEPGEVARGK   253
PpLFY    EVVAAAAGEKRKKQRRTRKGQ.YRNFMGIRRGHNNNDHNEGVDNGDDNDLDDMNGHGNGG........GGGLL......SERQREHPFIVTEPGEVARGK   256
MdLFY1   E.V.ATAGERRKKQRRMKKGQ.FRNCSA.GGRH.NNDNNEGVDDEDDNDMDDMTGHGNGG........GGGML......GERQREHPFIVTEPGEVARGK   255
PyLFY1   E.V.VTAGERRKKQRRMKKGQ.YRNCSA.GGGH.NNDHNEGVDDK.....DDMNGQGNGG........GGGLL......GERQREHPFIVTEPGEVARGK   250
CsLFY    E.......VAERKKK.QRGRKGPRPREVVD............VNLEDENDDDEYGGGCGGM..................ERQREHPFIVTEPGEVARGK   237
CrLFY    E.......VAEKKKK.QRGRKGPRPREVVD............VNLEDENDDDEYGGGCGGM..................QRQREHPFIVTEPGEVARGK   237
EjLFY    E.V.VTVGERRKKQRRMKKGQ.FRNCSA.GGGH...DHNEGVDDKDDDM.DDMNGQGNGG........GGGLL......GERQREHPFIVTEPGEVARGK   252
MiLFY    DLAV...AVADRKKP.RRRKEQ...RKIVD............VNHYDENEDDENGE..GG...................ER.QREHPFIVTEPGEVARGK   228
CoLFY    E.V.ATAGERRKKQRRMKKGQ.FKICSA.GGRH.NNDNNEGVDDEDDNDMDDMTGHGNGG........GGGML......GERQREHPFIVTEPGEVARGK   249
PtLFY    EAVA...AGERKKQP.GRKKGQ...REVVD............LDGDDEHGGAICER.........................QREHPFIVTEPGEVARGK   222
CmLFY    E.AV...AGGGRRKQ.RRRKGQ...REVVD............VDHDDDELGADHDDDMNGN........VG.........SEIQREHPFIVTEPGEVARGK   231
FaLFY1   EGGTAAER..RKKLRRIRR..........GGGH.RSNNEGIDDDEDEENDDGLNGGGGERPGRALGVRGGGR.........ERQREHPFVVTEAGEVARGK   254
AtLFY    SGYWDAGQGKMKKQQQQRRRKKPMLTSVET.................DEDVNEG.EDDDGM.......DNGNGGSGLGTERQREHPFIVTEPGEVARGK   249
PhLFY    AWEVVAPGGGRMRQRRRKKVVVGRERRG.............SSMEEDEDTEEGQEDNEDY.......NINNEGGGGISERQREHPFIVTEPGEVARGK   253
```

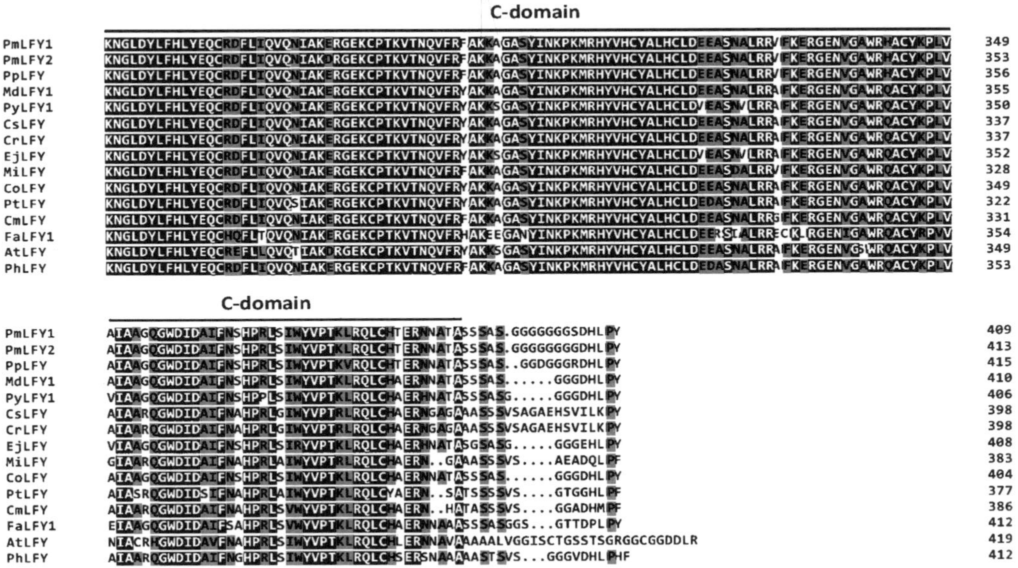

C-domain

```
PmLFY1   KNGLDYLFHLYEQCRDFLIQVQNIAKERGEKCPTKVTNQVFRFAKKAGASYINKPKMRHYVVHCYALHCLDEEASNALRRVFKERGENVGAWRHACYKPLV   349
PmLFY2   KNGLDYLFHLYEQCRDFLIQVQNIAKDRGEKCPTKVTNQVFRFAKKAGASYINKPKMRHYVVHCYALHCLDEEASNALRRVFKERGENVGAWRHACYKPLV   353
PpLFY    KNGLDYLFHLYEQCRDFLIQVQNIAKERGEKCPTKVTNQVFRFAKKAGASYINKPKMRHYVVHCYALHCLDEEASNALRRVFKERGENVGAWRHACYKPLV   356
MdLFY1   KNGLDYLFHLYEQCRDFLIQVQNIAKERGEKCPTKVTNQVFRYAKKAGASYINKPKMRHYVVHCYALHCLDEEASNALRRAFKERGENVGAWRQACYKPLV   355
PyLFY1   KNGLDYLFHLYEQCRDFLIQVQNIAKERGEKCPTKVTNQVFRYAKKSGASYINKPKMRHYVVHCYALHCLDVEASNVLRRAFKERGENVGAWRQACYKPLV   350
CsLFY    KNGLDYLFHLYEQCRDFLIQVQNIAKERGEKCPTKVTNQVFRYAKKAGASYINKPKMRHYVVHCYALHCLDEEASNALRRAFKERGENVGAWRQACYKPLV   337
CrLFY    KNGLDYLFHLYEQCRDFLIQVQNIAKERGEKCPTKVTNQVFRYAKKAGASYINKPKMRHYVVHCYALHCLDEEASNALRRAFKERGENVGAWRQACYKPLV   337
EjLFY    KNGLDYLFHLYEQCRDFLIQVQNIAKERGEKCPTKVTNQVFRYAKKSGASYINKPKMRHYVVHCYALHCLDVEASNVLRRAFKERGENVGAWRQACYKPLV   352
MiLFY    KNGLDYLFHLYEQCRDFLIQVQNIAKERGEKCPTKVTNQVFRFAKKAGASYINKPKMRHYVVHCYALHCLDEEASDALRRVFKERGENVGAWRQACYKPLV   328
CoLFY    KNGLDYLFHLYEQCRDFLIQVQNIAKERGEKCPTKVTNQVFRYAKKAGASYINKPKMRHYVVHCYALHCLDEEASNALRRAFKERGENVGAWRQACYKPLV   349
PtLFY    KNGLDYLFHLYEQCRDFLIQVQSIAKERGEKCPTKVTNQVFRYAKKAGASYINKPKMRHYVVHCYALHCLDEDASNALRRAFKERGENVGAWRQACYKPLV   322
CmLFY    KNGLDYLFHLYEQCRDFLIQVQNIAKERGEKCPTKVTNQVFRFAKKAGASYINKPKMRHYVVHCYALHCLDEEASNALRRGFKERGENVGAWRQACYKPLV   331
FaLFY1   KNGLDYLFHLYEQCHQFLTQVQNIAKERGEKCPTKVTNQVFRHAKEEGANYINKPKMRHYVVHCYALHCLDEERSIALRRECKLRGENIGAWRQACYRPVV   354
AtLFY    KNGLDYLFHLYEQCREFLLQVQTIAKDRGEKCPTKVTNQVFRYAKKSGASYINKPKMRHYVVHCYALHCLDEEASNALRRAFKERGENVGSWRQACYKPLV   349
PhLFY    KNGLDYLFHLYEQCRDFLIQVQNIAKERGEKCPTKVTNQVFRFAKKAGASYINKPKMRHYVVHCYALHCLDEDASNALRRAFKERGENVGAWRQACYKPLV   353
```

C-domain

```
PmLFY1   AIAAGQGWDIDAIFNSHPRLSIWYVPTKLRQLCHTERNNATASSSAS.GGGGGGGSDHLPY   409
PmLFY2   AIAAGQGWDIDAIFNSHPRLSIWYVPTKLRQLCHTERNNATASSSAS.GGGGGGGGDHLPY   413
PpLFY    AIAAGQGWDIDAIFNSHPRLSIWYVPTKVRQLCHTERNNATASSSAS..GGDGGGRDHLPY   415
MdLFY1   AIAAGQGWDIDAIFNSHPRLSIWYVPTKLRQLCHAERNNATASSSAS......GGGDHLPY   410
PyLFY1   VIAAGQGWDIDAIFNSHPPLSIWYVPTKLRQLCHAERHNATASSSASG.....GGGDHLPY   406
CsLFY    AIAARQGWDIDAIFNAHPRLGIWYVPTRLRQLCHAERNGAGAAASSSVSAGAEHSVILKPY   398
CrLFY    AIAARQGWDIDAIFNAHPRLGIWYVPTRLRQLCHAERNGAGAAASSSVSAGAEHSVILKPY   398
EjLFY    VIAAGQGWDIDAIFNSHPRLSIRYVPTKLRQLCHAERHNATASGSASG.....GGGEHLPY   408
MiLFY    GIAARQGWDIDAIFNAHPRLAIWYVPTRLRQLCHAERN..GAAASSSVS....AEADQLPF   383
CoLFY    AIAAGQGWDIDAIFNSHPRLSIWYVPTKLRQLCHAERNNATASSSAS......GGGDHLPY   404
PtLFY    AIASRQGWDIDSIFNAHPRLAIWYVPTKLRQLCYAERN..SATSSSSVS....GTGGHLPF   377
CmLFY    AIAARQGWDIDAIFNAHPRLSVWYVPTKLRQLCHAERN..HATASSSVS....GGADHMPF   386
FaLFY1   EIAAGQGWDIDAIFSAHPRLSVWYVPTKLRQLCHAERNNAAASSSASGGS...GTTDPLPY   412
AtLFY    NIACRHGWDIDAVFNAHPRLSIWYVPTKLRQLCHLERNNAVAAAALVGGISCTGSSTSGRGGCGGDDLR   419
PhLFY    AIAARQGWDIDAIFNGHPRLSIWYVPTKLRQLCHSERSNAAAAASTSVS...GGGVDHLPHF   412
```

图2-21

梅花与其他物种*LFY*基因的氨基酸多序列比对

*亮氨酸重复区拉链结构

PpLFY，桃*Prunus persica*；
MdLFY，苹果*Malus domestica*；
PyLFY，沙梨*Pyrus pyrifolia*；
CsLFY，甜橙*Citrus sinensis*；
CrLFY，柑橘*Citrus reticulata*；
EjLFY，枇杷*Eriobotrya japonica*；
MiLFY，杧果*Mangifera indica*；
CoLFY，榅桲*Cydonia oblonga*；
PtLFY，毛白杨*Populus tomentosa*；
CmLFY，板栗*Castanea mollissima*；
FaLFY，草莓*Fragaria × ananassa*；
AtSVP，拟南芥*Arabidopsis thaliana*；
PhLFY，矮牵牛*Petunia × hybrida*

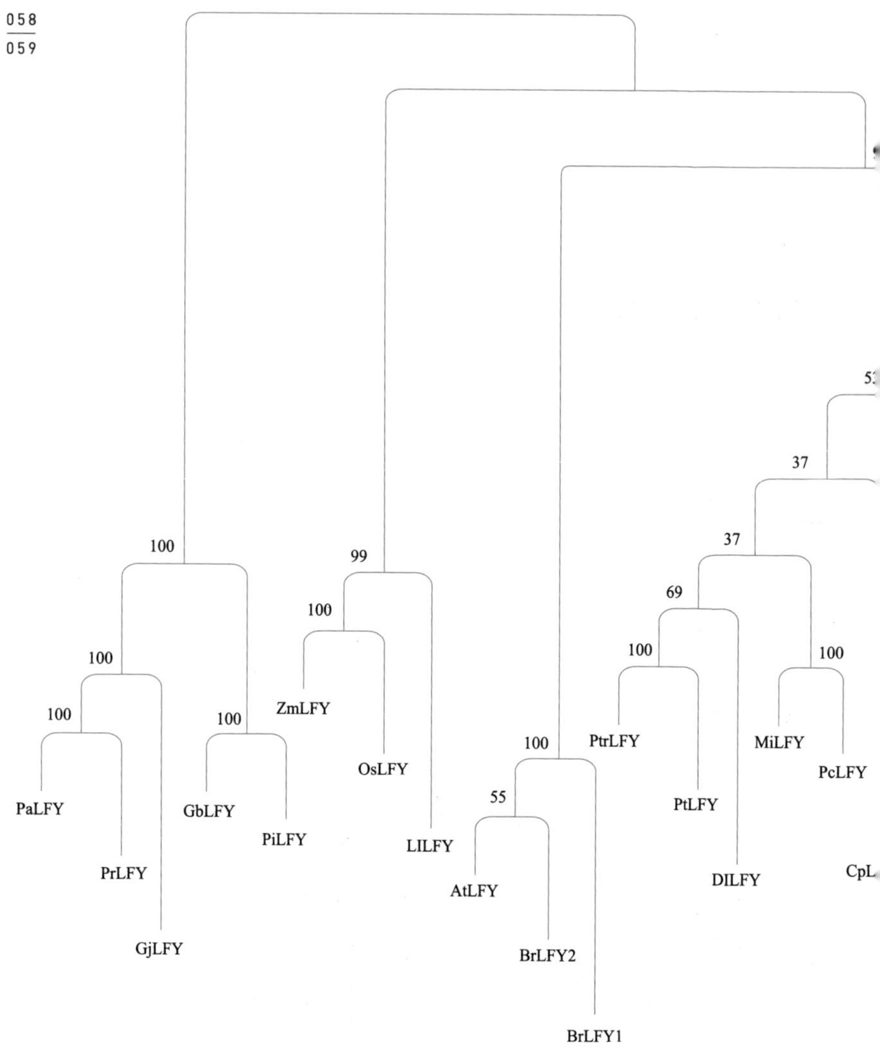

系统发育树中的基因序列如下：

枇杷 *Eriobotrya japonica* [EjLFY (BAD10954.1)],
砂梨 *Pyrus pyrifolia* [PyLFY1 (BAO53994.1), PyLFY2 (BAO53995.1)],
苹果 *Malus domestica* [MdLFY1 (BAD10955.1), MdLFY2 (BAD10949.1)],
榅桲 *Cydonia oblonga* [MdLFY1 (BAD10958.1), MdLFY2 (BAD10952.1)],
桃 *Prunus persica* [PpLFY (ABM63321.1)],
梅花 *Prunus mume* [PmLFY1 (AML81017.1), PmLFY2 (AML81018.1)],
草莓 *Fragaria × ananassa* [FaLFY1 (AFA42324.1), FaLFY2(AFA42323.1), FaLFY3(AFA42325.1)],
板栗 *Castanea mollissima* [CmLFY (ABB83126.1)],
葡萄 *Vitis vinifera* [VvLFY (AAN14527.1)],
甜橙 *Citrus sinensis* [CsLFY (AAR01229.1)],

图2-22
梅花PmLFYs与其他物种LFY蛋白的系统进化分析

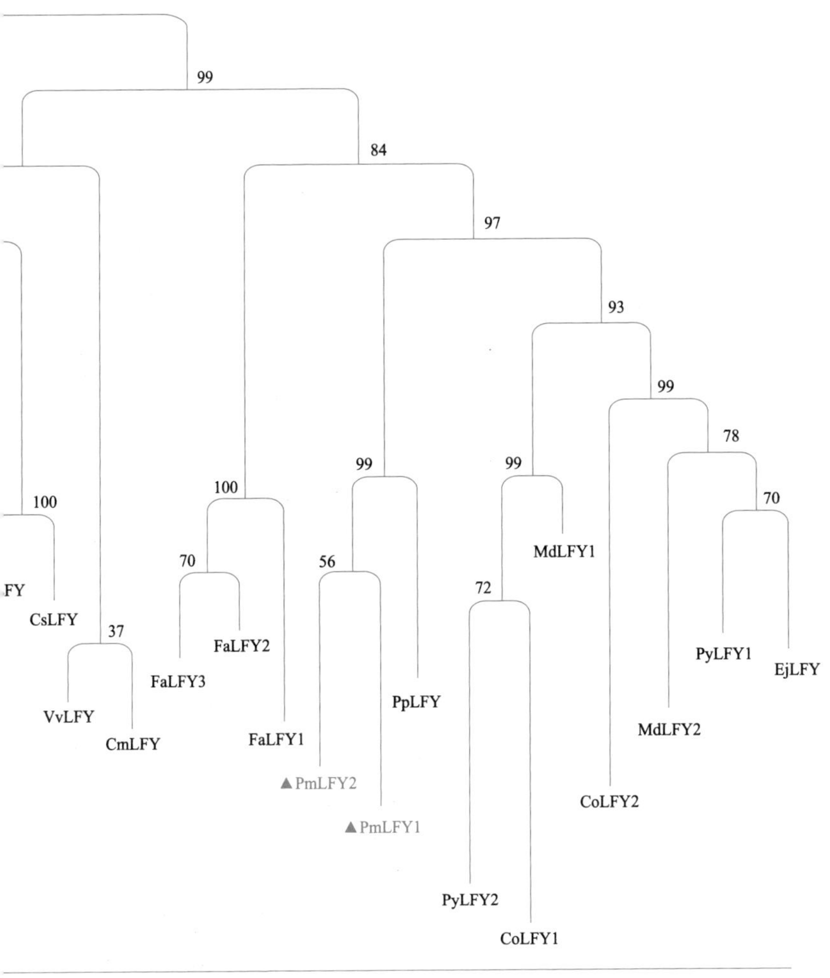

柑橘	*Citrus reticulate*[CrLFY (ABJ97283.1)],	拟南芥	*Arabidopsis thaliana* [AtLFY (NP_200993.1)],
番木瓜	*Carica papaya* [CpLFY (AAY57438.1)],	麝香百合	*Lilium longiflorum* [LlLFY (ABR13015.1)],
黄连木	*Pistacia chinensis* [PcLFY (AGF33328.1)],	水稻	*Oryza sativa* [OsLFY (BAA21547.1)],
杧果	*Mangifera indica* [MiLFY (ADX97318.1)],	玉米	*Zea mays* [ZmLFY (AAV68204.1)],
龙眼	*Dimocarpus longan* [DlLFY (ABA39728.1)],	挪威云杉	*Picea abies* [PiLFY (AAV49504.1)],
毛白杨	*Populus tomentosa* [PtLFY (AAO53547.2)],	银杏	*Ginkgo biloba* [GbLFY (ADD64700.1)],
毛果杨	*Populus trichocarpa*[PtrLFY (AAB51533.1)],	日本柳杉	*Cryptomeria japonica* [CjLFY (BAD14306.1)],
芜菁	*Brassica rapa* [BrLFY1 (AEB33727.1), BrLFY2 (AEB33728.1)],	辐射松	*Pinus radiata* [PrLFY (AAB68601.1)],
		华山松	*Pinus armandii* [PaLFY (ADO33969.1)]。

2.4 讨论

梅花是多年生木本花果兼用树种，了解梅花的开花转变过程对调控梅花花期、加速品种改良进程具有十分重要的意义。本章从梅花中成功分离得到了3个*SOC1*、2个*SVP*和2个*LFY*同源基因，这3类基因能够整合多种开花信号，并广泛存在于单子叶植物和双子叶植物中。

*SOC1*和*SVP*同属于MADS-box基因家族。研究发现这些基因在植物成花转变、花分生组织决定、雌雄配子体发育以及果实成熟过程中都发挥着重要的调节作用。根据基因结构和系统进化分析，植物MADS-box基因可以分为I型和II型两种类型。与II型基因结构相比，I型基因的基因结构相对简单，只含有保守的MADS结构域，由于研究较少，I型基因的功能还不十分清楚（Nam et al., 2004）。II型基因从N-端到C-端包含了4个结构域：高度保守的MADS结构域、中度保守的K结构域、较为保守的I结构域及多变的C-端，因此II型MADS-box基因也被称作MIKC型基因（Smaczniak et al., 2012）。根据基因序列和结构的不同，又可以将MIKC型基因进一步划分为MIKC*和MIKC^{C}两种类型（Alvarez-Buylla et al., 2000; Henschel et al., 2002）。目前，MIKC^{C}型基因研究最为广泛，在植物生长发育过程中具有重要作用。根据基因序列、结构和功能的特点，MIKC^{C}型基因被分为13个亚家族：*AG*-like、*AGL2*-like、*AGL6*-like、*AGL12*-like、*AGL15*-like、*AGL17*-like、*DEF-GLO*-like、*FLC*-like、*GGM13*-like、*SQUA*-like、*STMADS11*-like、*TM8*-like和*SOC1/TM3*-like（Becker and Theißen, 2003）。其中，在拟南芥MADS-box基因家族中，*SOC1/TM3*亚家族包括*AGL14*、*AGL19*、*AGL20*（*SOC1*）、*AGL42*、*AGL71*和*AGL72* 6个基因；*STMADS11*亚家族包括*AGL22*（*SVP*）和*AGL24* 2个基因。

*SOC1/TM3*和*STMADS11*亚家族被认为在植物营养生长的不同阶段以及由营养生长向生殖生长转变过程中都具有重要作用。序列同源性分析表明，本章克隆的梅花3个*PmSOC1s*和2个*PmSVPs*同源基因分属于*SOC1/TM3*和*STMADS11*亚家族。

系统进化分析显示，梅花3个*PmSOC1s*同源基因*PmSOC1-1*、*PmSOC1-2*和*PmSOC1-3*分别与拟南芥的*SOC1*、*AGL42/71/72*和*AGL14/19*聚为一组。有研究表明，拟南芥*SOC1/TM3*亚家族中的*AGL42*、*AGL71*和*AGL72* 3个基因是由于*SOC1*基因在进化过程中的基因复制产生的（Dorca-Fornell et al., 2011）。因此，笔者推测梅花3个*PmSOC1s*基因具有相同的祖先起源，但在进化过程中产生了分化，并最终在开花和营养器官发育中发挥不同的作用。此外，与拟南芥中存在的3个基因（*AGL42/71/72*）不同的是，在梅花和桃的基因组中都只有一个相应的同源基因（梅花：*PmSOC1-2*，桃：*PpMADS60*）。而且，*AGL42*、*AGL71*和*AGL72*在控制拟南芥开花中的功能被证明是冗余的（Dorca-Fornell et al., 2011）。因此，拟南芥*SOC1/TM3*亚家族中由于基因复制产生的基因多样性可能是在拟南芥与李属植物分化后发生的。

与拟南芥*STMADS11*亚家族包含*SVP*和*AGL24*两个基因不同，在梅花基因组中含有8个*STMADS11*亚家族基因（Xu et al., 2014），它们是本章克隆得到的*PmSVP1*和*PmSVP2*两个基因以及6个串联排列的与梅花休眠相关的*PmDAMs*基因（*PmDAM1-PmDAM6*）（Sasaki et al., 2011）。系统进化树显示（图❷-⑭），*PmSVP1*和*PmSVP2*两个基因分别与拟南芥AtSVP和马铃薯*StMADS11*聚为一组，6个梅花*PmDAMs*基因和6个桃*PpDAMs*基因则与拟南芥*AtAGL24*聚为一组。这表明梅花和桃中6个串联排列的*DAM*基因可能是由于基因复制产生的基因多样性，并且是在拟南芥与李属植物分化后发生的，推测它们经历了李属物种特异的基因进化过程。此外，梅花*SOC1/TM3*亚家族中的*PmSOC1-1*和*PmSOC1-2*以及*STMADS11*亚家族中的*PmSVP1*和*PmSVP2*4个基因的起始密码子均位于第二外显子上。前人研究表明，第一外显子和起始密码子之间的区域存在MYB蛋白的结合位点以及一些顺式调控元件。这种起始密码子位于第二外显子的情况在其他基因中也有发现（Clancy and Hannah, 2002; Jeon et al., 2000; Jeong et al., 2006; Mun et al., 2002），说明这一区域可能是重要的转录调控区。

前人研究认为*LFY*同源基因在结构上具有两个明显特征：一是都含有3个外显子和2个内含子，二是在氨基酸结构上包含有N-端和C-端2个高度保守的区域（Maizel et al., 2005）。这种在蛋白初级结构上的稳定和保守性说明*LFY*在不同的物种中的功能可能相似。本章克隆得到的*PmLFY1*和*PmLFY2*两个梅花*LFY*同源基因除包含有典型的内含子/外显子分布特征以及在N-端和C-端的高度保守区域外，在N-端与大多数木本植物一样还有一个丙氨酸富集区以及一个亮氨酸拉链结构，同时在中间区域存在一个富含赖氨酸和精氨酸的碱性区域和一个富含谷氨酸和天冬氨酸的酸性区域（图❷-㉑）（Carmona et al., 2002; Dornelas et al., 2004; Rottmann et al., 2000; Wada et al., 2002），而大多数草本植物在N-端为脯氨酸富集区（Coen et al., 1990; Kelly et al., 1995; Weigel et al., 1992），推测这个区域可能是转录激活的调控区域。

目前已经克隆得到的*LFY*同源基因在二倍体植物中多以单拷贝形式存在，例如拟南芥、豌豆、小叶杨、金鱼草和番茄（Coen et al., 1990; Hofer et al., 1997; Maizel et al., 2005; Molinerorosales et al., 1999; Weigel et al., 1992）。但也有多拷贝的，如桉树中有3个*LFY*同源基因拷贝（Dornelas et al., 2004; Southerton et al., 1998），但其中只有一个起作用，另外两个没有功能。在二倍体的烟草中，*LFY*以单拷贝形式存在，而在四倍体烟草中有两个*LFY*同源基因，其同源性达96%（Ahearn et al., 2001; Kelly et al., 1995）。在辐射松中也存在两个*LFY*同源基因*NEEDLY*和*PRFLL*（Mellerowicz et al., 1998; Mouradov et al., 1998）。DNA印迹分析表明，在苹果属和梨属植物中*LFY*同源基因也是多拷贝的（曹秋芬等，2003）。梅花基因组数据显示，梅花基因组中只含有1个*LFY*同源基因，但是笔者在对梅花*LFY*基因克隆过程中得到了*PmLFY1*和*PmLFY2*两个*LFY*同源基因，其同源性达97.3%。两个序列间的错义突变和碱基的插入（或缺失）并未破坏读码框，分析梅花中这两个高度相似的同源基因很可能是受到进化压力选择的结果。由此可见，*LFY*基因在二倍体植物中既有单拷贝，也存在多拷贝。Frolich和Parke（2000）推测认为被子植物从原始物种起，*LFY*基因拷贝数有减少趋势（Frohlich and Parker, 2000）。因此*LFY*同源基因的拷贝数可能与植物的起源、进化及其具备的不同功能有关，并在一定程度上反映植物的进化关系。当然，这一问题尚需要进一步研究。

③

梅花成花
相关基因表达模式分析

Chapter Three

图❸-❶

荧光定量PCR用到的梅花品种‘长蕊绿萼’

有研究表明，基因的表达模式与其功能有一定的相关性。植物中大部分基因在其生长发育过程中都呈现出组织特异性和时空特异性的表达模式，研究基因的表达模式对于阐明基因在植物生长过程和器官发育中的功能具有重要作用。在从梅花叶片中成功分离出成花相关的7个基因（3个*PmSOC1s*、2个*PmSVPs*和2个*PmLFYs*同源基因）基础上，为了搞清楚这些基因在梅花中的时空表达模式，以及在花芽分化不同时期对成花转变和花器官发育的调控机理，本章采用实时荧光定量PCR（Quantitative Real-time PCR）方法对这7个基因的时空表达模式进行了分析。

试验材料为梅花‘长蕊绿萼’（*Prunus mume*‘Changrui Lve’）。该品种花瓣白色，萼片淡绿色，雄蕊发达，略短于花瓣，辐射后聚集中心（图3-1）。5年生成年树取自鹫峰国际精品梅园；1月龄幼苗种于温室中，温度为16-25℃，相对湿度为60%。取‘长蕊绿萼’成年树的茎，幼嫩叶片，成熟叶片，叶芽，花芽，完全开放花朵的萼片、花瓣、雄蕊、雌蕊，种子，幼果（花后45d），熟果（花后95d）和1月龄播种苗的根、茎、叶片等材料进行基因的组织特异性表达分析。以不同花芽分化时期的花芽为材料，研究基因在花芽分化过程中的表达模式。每隔6-7d取样一次，取样时取2份外观基本一致的样品，一份用FAA固定液（70%酒精：福尔马林：冰醋酸=90：5：5）保存，用于常规石蜡切片法确定梅花花芽分化的不同时期；一份速冻于液氮中，用于后续RNA提取。

3.1 梅花成花相关基因在不同组织器官中的表达模式分析

3.1.1 梅花*PmSOC1s*基因在不同组织器官中的表达模式

梅花基因组中有3个*PmSOC1s*同源基因，采用实时荧光定量PCR的方法分析这3个*PmSOC1s*基因在梅花不同组织中的表达情况。首先使用Primer3 v0.4.0软件设计基因特异引物，以梅花*PP2A*（*protein phosphatase 2A*, Pm006362）基因作为内参基因（Wang et al., 2014），引物序列见（表❸-❶）。然后，采用20μL体系，即cDNA 1μL，SYBR Premix Ex *Taq* II 10 μL，上下游引物（10μmol/L）各0.4μL，ddH_2O 7.2 μL。反应程序采用两步法：95℃预变性30 s；95℃ 5 s，60℃ 30 s，40个循环；溶解曲线温度设为60–95℃，升温0.5℃/s，试验设置3次生物学重复和3次技术重复。保证每对引物的扩增效率为95%–105%。最后采用$2^{-\Delta\Delta Ct}$法计算基因相对表达量。

表❸-❶ 实时荧光定量RT-PCR引物

基因	正向引物（5′-3′）	反向引物（5′-3′）
PmSOC1-1	TTTCAGTTCTTTGTGATGCTGAGG	CGGATTTGTTGTTGGTAAGGTTG
PmSOC1-2	TTTCAGTTCTCTGCGATGCTC	AATCTTGTTGGTTTGCCCAG
PmSOC1-3	AGCTCTCAGTTCTATGTGATGCTG	TTGATAACGGTCTAGTGTGTTGC
PmSVP1	CCACTGGAAAACTCTTTGAATACG	CAAGAGATGGTTGTTCTATTTTCG
PmSVP2	TGTGATGCTGAGATTGCTCTTGTAG	CAGGTGATGCCTTTCAATTACTTG
PmLFY1	AGGGTGTGGACAACGACATG	AACACTTGGTTTGTTACCTTGG
PmLFY2	AGGGTGTGGACAACGAGGAC	AACACTTGGTTTGTTACCTTGG
PP2A	ATATAGCTGCTCAGTTCAACC	AAAAACAGTCACCACATTCTT

结果如图❸-❷所示，在成年树中，3个*PmSOC1s*基因在根、茎、叶、叶芽或花芽等营养器官中有较高表达，而在萼片、花瓣、雄蕊、雌蕊、果实和种子等生殖器官中表达量很低；在1月龄播种苗中，*PmSOC1-1*和*PmSOC1-3*在根、茎和叶中均有表达，而*PmSOC1-2*则基本没有表达。不同的表达模式说明3个*PmSOC1s*基因在功能上可能出现了分化。

3.1.2　梅花*PmSVPs*基因在不同组织器官中的表达模式

与梅花*PmSOC1s*同源基因的表达模式类似，2个梅花*PmSVPs*同源基因也主要在梅花营养器官中表达。如图❸-❸所示，在梅花成年树中，*PmSVP1*和*PmSVP2*呈现相似的表达模式，都主要在茎、叶和叶芽等营养器官中表达，且都是在叶中表达量最高。但是，在1月龄幼苗中，*PmSVP1*和*PmSVP2*的表达模式却不相同，*PmSVP1*在1月龄幼苗的根、茎、叶中都有表达，*PmSVP2*则没有任何表达，而且，即使在成年树中，*PmSVP2*的表达量也要低于*PmSVP1*。

3.1.3　梅花*PmLFY1*基因在不同组织器官中的表达模式

如图❸-❹所示，在梅花成年树中，梅花*PmLFY1*基因主要在雌蕊、种子等生殖器官中表达，在叶芽、花芽、幼叶等营养器官中也有所表达，但表达量较低。在1月龄幼苗根、茎、叶中，*PmLFY1*均无表达。这与*LFY*基因参与成花调控过程相一致。

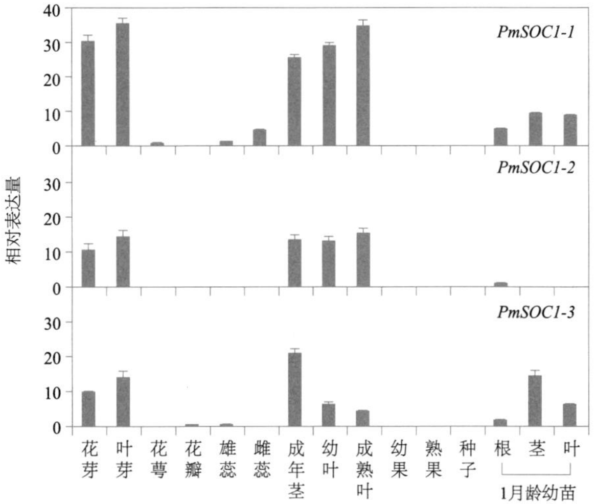

图3-2

*PmSOC1s*基因在不同组织器官中的相对表达量

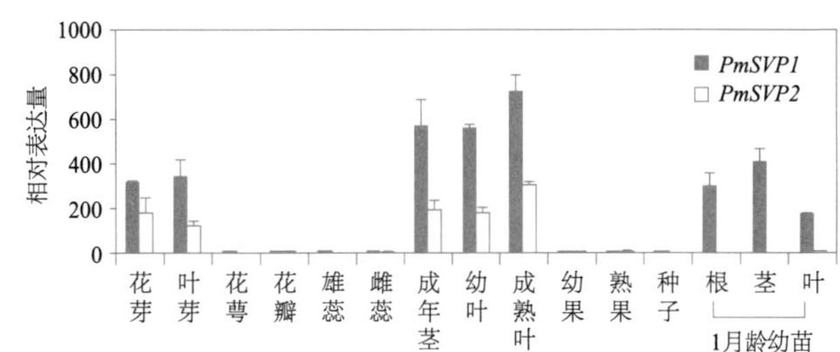

图3-3

*PmSVPs*基因在不同组织器官中的相对表达量

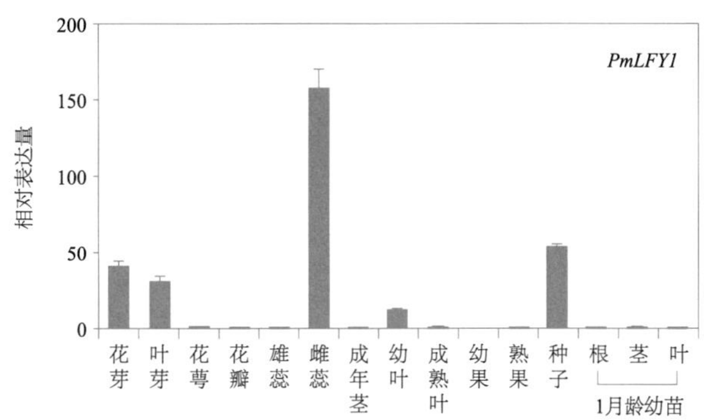

图3-4

*PmLFY1*基因在不同组织器官中的相对表达量

3.2 梅花成花相关基因在花芽分化不同时期的表达模式分析

3.2.1 确定梅花花芽分化时期

为研究梅花成花相关基因在不同花芽分化时期的表达模式，本研究首先采用石蜡切片的方法确定了梅花花芽分化过程中的8个时期（S1-S8）（图❸-❺）。

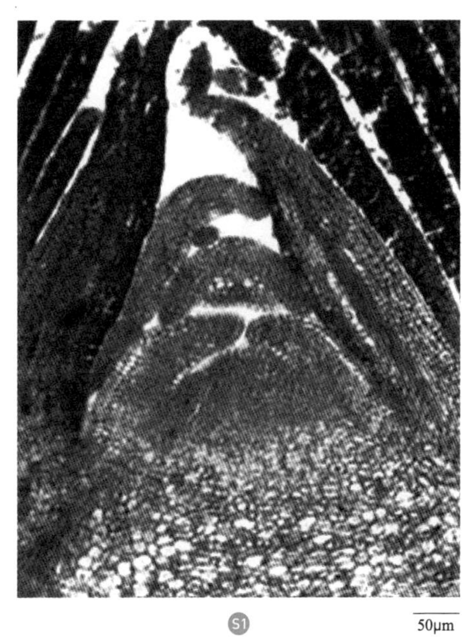

图❸-❺
梅花花芽分化时期
S1—未分化期

S1未分化期：

此时的芽外形瘦小，外层鳞片紧紧包裹，3个芽并生紧靠在一起，中间为叶芽，两侧为花芽。此时花芽的顶端生长点为尖圆锥形（图③-⑤，S1）。

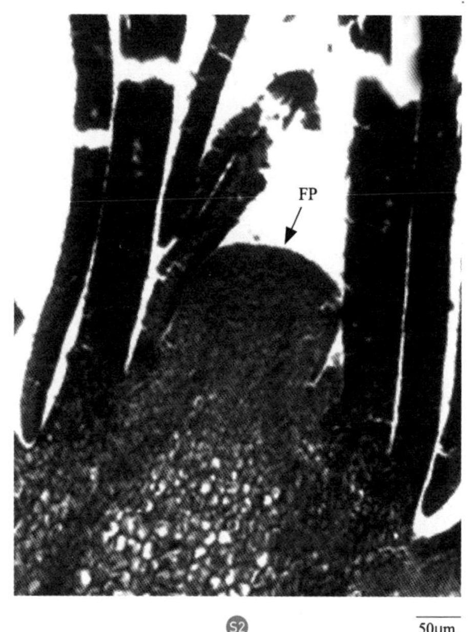

图❸-❺（续图）
梅花花芽分化时期

S2—花原基形成期

FP：花原基

S2花原基形成期：

此时芽鳞片开始松散，3个并生芽能够明显区分；花芽顶端生长点变得宽平肥大，为下一步萼片分化作准备（图③-⑤，S2）。

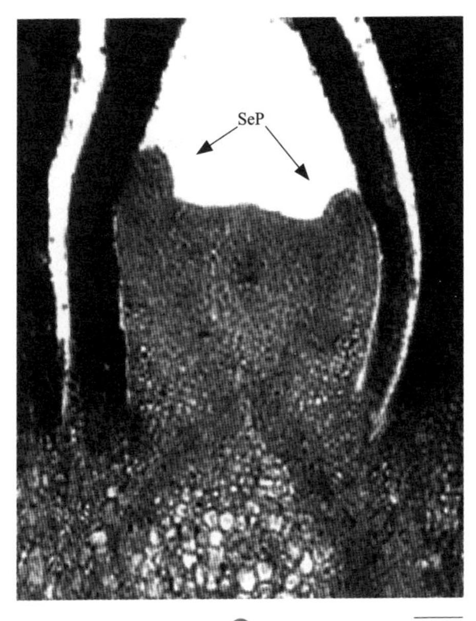

图❸-❺（续图）
梅花花芽分化时期
S3—萼片分化期
SeP：萼片原基

S3萼片分化期：

生长点变得更宽更平，在生长点四周出现萼片原基小突起，以后发育为萼片（图③-⑤，S3）。

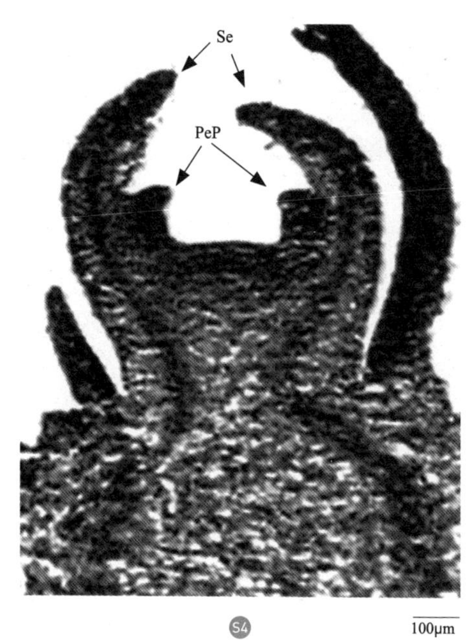

图❸-❺（续图）
梅花花芽分化时期

S4—花瓣分化期

Se：萼片
PeP：花瓣原基

S4花瓣分化期：

随着萼片的伸长，萼片内侧出现凸起的花瓣原基（图③-⑤，S4）。

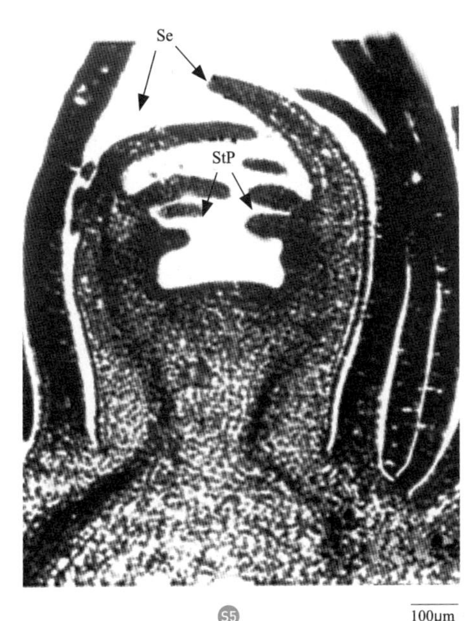

图❸-❺（续图）
梅花花芽分化时期

S5—雄蕊分化期

Se：萼片
StP：雄蕊原基

S5雄蕊分化期：

在花瓣原基的内侧，生长点的周边产生凸起的雄蕊原基，一般排列为2−3层（图③-⑤，S5）。

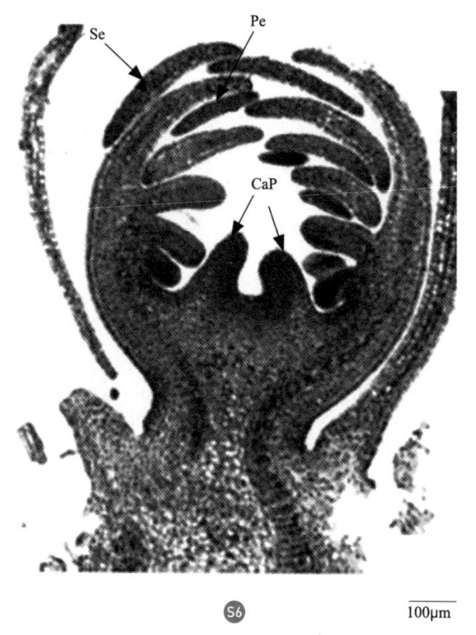

图❸-❺（续图）
梅花花芽分化时期

S6—雌蕊分化期

Se：萼片
Pe：花瓣
CaP：雌蕊原基

S6雌蕊分化期：

在雄蕊原基继续分化形成时，生长点中央由原来的平坦状向上凸起形成雌蕊原基（图③-⑤，S6）。

图❸-❺（续图）
梅花花芽分化时期

S7—雌蕊伸长期

Sty：花柱
F：花丝
An：花药

S7雌蕊伸长期：

此时期萼片、花瓣继续伸长，雌蕊花柱伸长变大（图③-⑤，S7）。

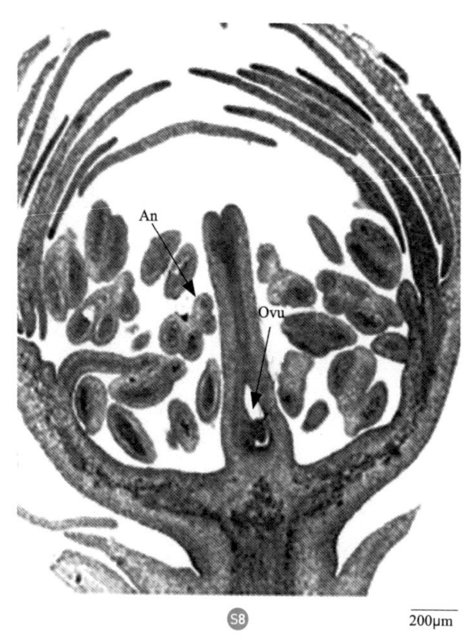

图❸-❺（续图）
梅花花芽分化时期

S8—胚珠、花药形成期

An：花药
Ovu：胚珠

S8胚珠、花药形成期：

此时期花芽逐渐进入休眠状态，但雌雄蕊继续发育；雄蕊花药发育成熟，能够看到花粉粒；雌蕊子房发育成熟，形成胚珠（图③-⑤，S8）。

3.2.2 梅花*PmSOC1s*基因在花芽分化不同时期的表达模式

在整个花芽分化过程中，3个*PmSOC1s*基因的表达水平整体都呈现下降趋势。它们在花芽未分化期（S1）表达量最高，一旦花芽被诱导分化，表达量即开始下降，其中*PmSOC1-2*在3个基因中下降最为显著，且在花芽分化不同时期表现为持续下降（图❸-❻）。

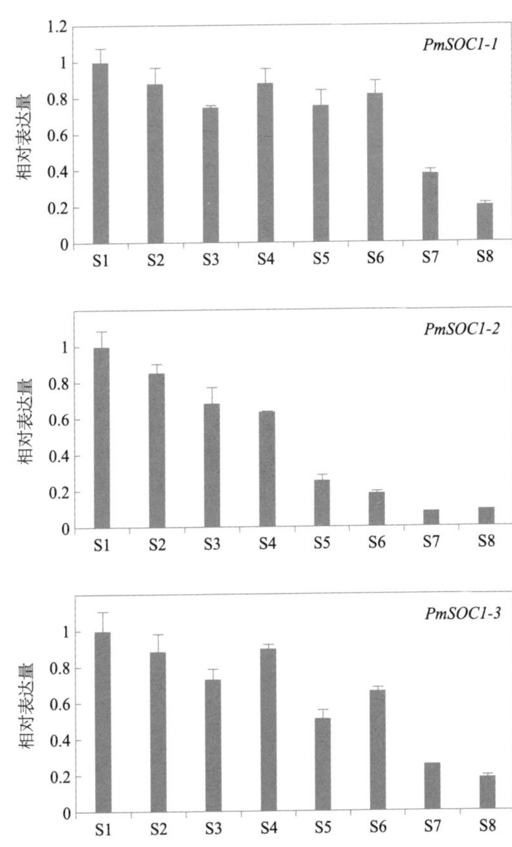

图❸-❻
*PmSOC1s*基因在梅花花芽分化不同时期表达模式

3.2.3 梅花*PmSVPs*基因在花芽分化不同时期的表达模式

如图❸-❼所示，*PmSVP1*和*PmSVP2*在花芽分化不同时期的表达模式相似，也是呈现了下调表达的趋势。在S1期表达量最高，随着花芽开始分化，表达量显著下降，尤其是*PmSVP1*下降最为显著，说明其可能参与调控梅花从营养生长向生殖生长的转变。

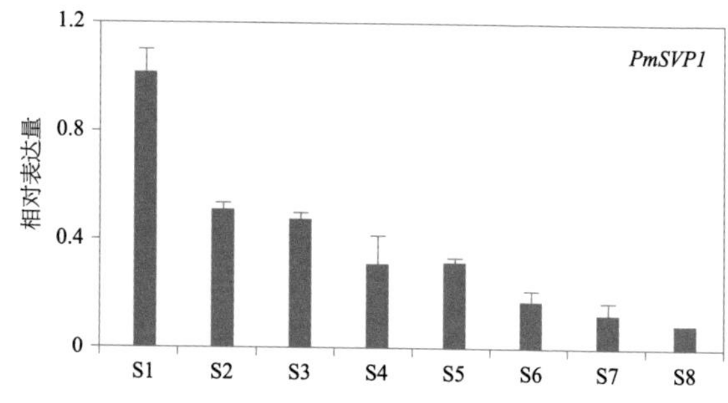

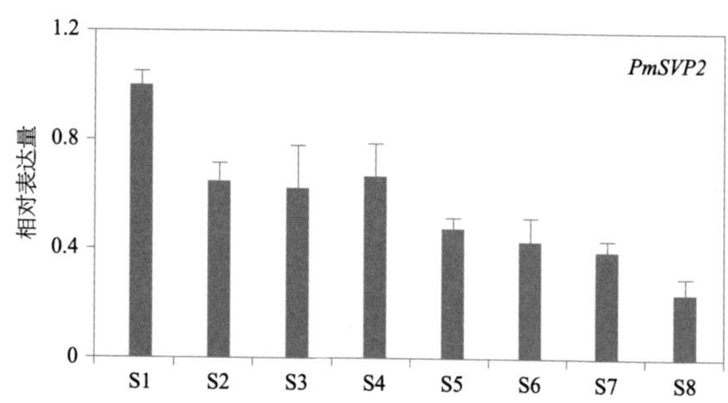

图❸-❼
*PmSVPs*基因在梅花花芽分化不同时期表达模式

3.2.4 梅花*PmLFY1*基因在花芽分化不同时期的表达模式

*PmLFY1*在梅花花芽分化过程中呈现先上升，后下降的表达模式（图❸-❽）。在未分化期（S1）和花原基形成期（S2）*PmLFY1*仅有微弱表达，而在萼片分化期（S3）表达量急剧上升，直到雄蕊分化期（S6）表达量都一直维持较高水平，表达最高峰出现在花瓣分化期（S4），说明梅花*LFY*基因可能参与了萼片、花瓣、雄蕊和雌蕊的形成。

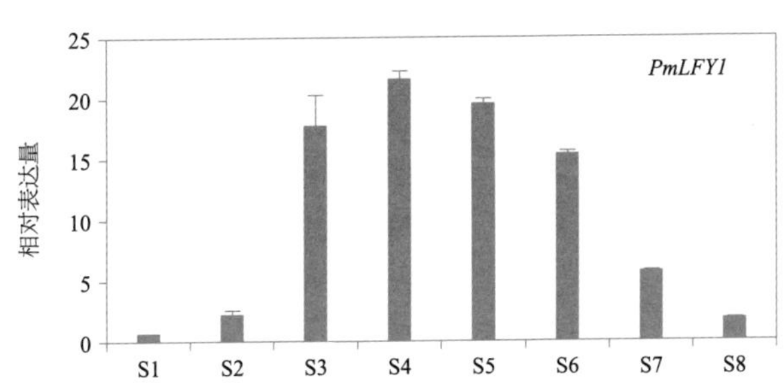

图❸-❽
*PmLFY1*在梅花花芽分化不同时期表达模式

3.3 讨论

3.3.1 梅花*PmSOC1s*基因的表达模式

随着对植物成花相关基因的深入研究，MADS-box家族中*SOC1/TM3*亚家族的基因已从很多物种中被克隆出来。在对这些同源基因的研究中，大多都对基因的表达模式进行了分析。桉树*SOC1*一对同源基因*EgrMADS3*和*EgrMADS4*主要在顶芽等营养器官中表达，这种表达模式与*SOC1*基因在桉树中起到诱导开花的作用相一致（Watson and Brill, 2004）；葡萄中的*SOC1*同源基因*VvMADS8*在花序开始形成阶段的腋芽中表达量最高，表明该基因参与了葡萄开花时间的调控（Sreekantan and Thomas, 2006）；菊花的*ClSOC1-1*和*ClSOC1-2*在叶片、茎尖、茎和根等营养器官中均有表达，并在植物的成花转变初期的茎尖和叶片中高表达，表明这两个基因在菊花成花转变中发挥作用（Fu et al., 2014）；大豆中的*GmSOC1*基因在所采用样品中几乎全部表达，而高表达部位在处于开花转变中的茎尖部位（Na et al., 2013）；*SOC1*同源基因*MSOC1*在杧果的各个组织均有表达，但在茎、叶和花芽等营养器官中表达量最高（魏军亚等，2015）。

本研究对梅花*PmSOC1s*基因进行不同组织部位的表达分析表明，3个基因均在营养器官中表达较高，而在生殖器官中表达量很低。此外，相对于1月龄幼苗，*PmSOC1-1*和*PmSOC1-2*在成年树叶片和茎中的表达量更高，这与拟南芥*AtSOC1*的表达一致。在拟南芥中，*AtSOC1*的表达量随着植株的生长而不断提高，尤其在成熟叶子中的表达量最高（Borner et al., 2000; Lee et al., 2000; Samach et al., 2000; Wang et al., 2009）。而*PmSOC1-1*和*PmSOC1-2*基因在梅花成年树和幼苗中的不同表达水平可能反映出植物的成熟度。同时，在对梅花花芽分化过程中*PmSOC1s*基因的表达研究发现，*PmSOC1s*基因的表达水平整体都呈现下降趋势。在拟南芥中，*SOC1*基因是调控植物从营养生长向生殖生长转变的重要基因（Liu et al., 2007），由此推测*PmSOC1s*基因在诱导梅花由营养生长向生殖生长转变过程中起着重要作用。

虽然在上述讨论中，*SOC1*-like基因具有相似的表达模式，但有研究显示*SOC1*同源基因存在不同的表达模式。如美洲山杨（*Populus tremuloides*）的*SOC1*同源基因*PTM5*在维管组织中有特异表达，暗示该基因可能与美洲山杨木材的形成有关（Cseke et al., 2003）；非洲菊*GhSOC1*在花序和花器官中表达，而在营养器官中无表达（Ruokolainen et al., 2011）。这些研究结果表明*SOC1*在不同物种之间的表达存在一定的差异，推测*SOC1*基因在植物开花转变的调控网络中具有多种功能。本研究中3个*PmSOC1s*基因在上一章的系统进化树上并没有聚到一起，本章中荧光定量表达分析中也发现这3个基因在营养器官上的表达量不同，特别是在成年树和1月龄幼苗中的表达差异，说明这3个基因虽然有着共同的起源，但在功能及作用上产生了明显的差异。

3.3.2 梅花*PmSVPs*基因的表达模式

对拟南芥*AtSVP*基因时空表达研究发现，*SVP*基因主要在幼叶和茎顶端分生组织等营养组织中表达，而花和果实中无表达；两个长分别为1.7和1.3kb的*SVP*转录本在根和叶中的表达水平相似，且在营养生长阶段两个转录本的表达水平基本保持不变，而在花序组织发育阶段其表达水平呈现出不同程度的降低（Hartmann et al., 2000）。*BcSVP*在白菜幼苗的所有组织中都有表达，尤其是在子叶中表达量最高，表明*BcSVP*具有与*AtSVP*类似的表达模式（Lee et al., 2007a）。红薯中*STMADS11*亚家族基因*IbMADS3*和*IbMADS4*主要在营养组织中表达，而且在根部的维管形成层区域特异表达，这种特异表达模式可能增加营养组织的增殖潜力，并促进红薯块茎的形成（Kim et al., 2002）。RT-PCR和原位杂交检测结果显示，枸橘*PtSVP*基因主要在休眠组织和营养分生组织中表达；在开花转变前，在茎顶端分生组织中检测到*PtSVP*的表达，随着开花转变的进行*PtSVP*下调表达（Li et al., 2010）。猕猴桃中的*SVP*基因主要在营养器官中表达，在花芽分化前逐渐下调表达，表明猕猴桃*SVP*基因可能是成花抑制因子（Wu et al., 2012）。对葡萄*VvSVP*基因研究表明，*VvSVP*基因在根、茎和叶等营养器官和花蕾、盛花和胚珠等生殖器官中均有表达，但是表达量有差异；在黑比诺葡萄品种中，该基因在茎中的表达量最高（杨堃等, 2012）。本研究中梅花的2个*PmSVPs*同源基因*PmSVP1*和*PmSVP2*都主要在梅花成年树的茎、叶和芽等营养器官中表达，在花、果实和种子等生殖器官中无表达，而在1月龄幼苗中，相较于*PmSVP1*在根、茎、叶中全部表达，*PmSVP2*却没有任何表达，说明*PmSVP1*和*PmSVP2*这两个基因随着进化在功能及作用的时间、空间上产生了明显的差异。综合*SVP*在不同物种中的研究，表明*SVP*的组织表达部位主要是营养器官，并且其表达模式在草本植物和木本植物间比较相似。

在花发育过程中，拟南芥*SVP*基因的表达水平在萼片原基出现前降低直至消失。荧光定量PCR检测*SVP*同源基因在龙眼花芽分化过程的表达变化发现，在 1 月份花芽形态开始分化时，*SVP*基因的表达量开始下降，推测龙眼*SVP*的功能可能与抑制龙眼花芽分化有关（魏丹凤, 2015）。与拟南芥和龙眼*SVP*基因类似，梅花中的*PmSVP1*和*PmSVP2*两个基因的表达水平在花芽分化期间都呈现明显降低趋势，这表明梅花*PmSVPs*基因与拟南芥*SVP*基因一样，在植物由营养生长阶段向生殖生长阶段转变中发挥作用。

3.3.3　梅花*PmLFYs*基因的表达模式

*LFY*同源基因在开花植物中广泛存在，目前，*LFY*同源基因已从多种植物中克隆并进行了表达分析，很多植物中的该同源基因都在花序分

生组织转变为花分生组织和成花诱导过程中发挥主导作用（Edwige et al., 2010; Frohlich and Parker, 2000; Gocal et al., 2001; Weigel et al., 1992）。但是研究表明，虽然不同物种的*LFY*同源基因序列是相对保守的，其表达模式却存在明显差别，暗示着*LFY*同源基因的功能多样化（Frohlich and Parker, 2000）。一些植物的*LFY*同源基因在所有花器官和叶原基中都有表达，也有少数基因只在部分花器官中有表达。如在草本植物中，拟南芥*LFY*基因在营养生长阶段有微弱表达，在花分化启动时间点表达开始增强，最终在花分生组织中达到很强（Blázquez et al., 1997）。甘菊中的*LFY*同源基因*DFL*在甘菊成花至发育成熟的整个过程均有不同程度的表达（马月萍等，2004）。qRT-PCR结果表明草莓中*FaLFY*主要在成花初期的花芽中表达量最高，随着花器官形成，表达量降低乃至不表达，说明*FaLFY*在促进花形成过程中发挥作用（刘月学等，2012）。荧光定量*PCR*表明，胡萝卜*DcLFY*基因在花序中表达量最高，随着开花表达量逐渐降低（Zhang et al., 2016）。在木本植物中，*LFY*同源基因的表达模式也都不尽相同。如银杏的*GinLFY*在根、茎、叶、花芽、雌花芽、雄花芽、幼果及雌花芽、雄花芽的不同发育时期都有表达，属于组成型表达基因（郭长禄等，2005）。从苹果顶芽中克隆得到的两个*LFY*同源基因*AFL1*和*AFL2*的表达模式并不相同，*AFL1*只在枝条顶芽有表达，体现了组织器官和时期的特异性；而*AFL2*在顶芽的整个发育过程及萼片、子房、根、茎、叶等多数组织器官内都有表达，属于组成型表达（曹秋芬等，2003）。与苹果*AFL2*、银杏*Ginlfy*表达模式相似，枣树中*ZjLFY*和桉树中*EgLFY*也都是在生殖器官和营养器官中均有表达，属于组成型表达（孟玉平等，2010）。桃中*PpLFY*基因主要在叶片、花瓣中表达，在其他花器官中不表达（Lijun et al., 2012）。山核桃中*LFY*同源基因*CcLFY*在花芽和叶片中高表达，在茎中有微弱表达，根中无表达（Wang et al., 2012）。

本研究中梅花*PmLFY1*主要在成年树中的雌蕊和种子等生殖器官中有强烈表达，在营养器官叶芽、花芽、幼叶中也有表达，但表达量很低；从这种表达模式看，*PmLFY1*可能参与了梅花雌蕊中的胚珠和种子的发育。此外，有研究表明，*LFY*作为成花调控因子，当其表达积累到一定的阈值时才会启动植株的成花转变过程，尤其使叶原基具有成花转变的潜能（Blázquez et al., 1997; Zhang et al., 2010）。这种结论在一些植物中得到了验证。如龙眼*LFY*同源基因在嫁接苗幼树期的叶芽中不表达，但其在成年树的叶芽中有表达（官磊，2008）。茶树中的*CsLFL1*和*CsLFL2*在正常开花母株叶芽中低水平表达，当达到一定阈值时在花芽中高水平表达，从而启动成花转变过程（韩兴杰等，2015）。本研究中，*PmLFY1*在梅花1月龄幼苗中均无表达，表明梅花幼苗中*LFY*基因没有表达积累。由此推测梅花幼苗不具备开花能力可能与*LFY*基因在幼苗期没有表达积累有关。

时空特异性表达分析显示，桃树*PpLFY*和山核桃*CcLFY*主要在成花诱导期及花芽形态分化初期表达，表明这些基因在植物成花转变中起着重要作用（Lijun et al., 2012; Wang et al., 2012）。本研究中，*PmLFY1*在梅花花芽分化过程中都表现出先上调后下调的表达模式，并且在花芽形态分化后期（花器官生长阶段）的表达量高于分化初期（花器官原基分化阶段）的表达量（图❸-❽）。这表明，*PmLFY1*基因除参与梅花成花转变外，可能还在花原基形成后的花瓣等花器官发育中发挥调节作用。

④

梅花成花
相关基因蛋白相互作用分析

Chapter Four

开花是植物最重要的生命活动之一。研究表明，MADS-box家族能够形成同源或异源蛋白二聚体，二聚体继而组装形成三元或四元蛋白复合体而发挥作用（Pelaz et al., 2001; Honma and Goto, 2001），这种复合体的形成可以大幅度增加MADS-box蛋白结构的多样性，从而满足植物在成花调控方面的需求。在拟南芥开花调控网络中，成花相关基因*SOC1*、*SVP*和花分生组织特征基因*AP1*占据着重要的位置，它们的表达特性及调控成花转变的机理也有了较深入的研究。为了研究梅花中*SOC1*、*SVP*和*AP1*这3类MADS-box家族基因能否相互作用促进梅花成花转变，本章采用酵母双杂交方法，对梅花中PmSOC1s、PmSVPs和PmAP1蛋白的相互作用模式进行了分析，为深入阐明梅花成花转变的分子机理提供理论依据。

✿ 4.1 酵母表达载体构建及诱饵自激活与毒性检测

采用In-Fusion HD Cloning Kit分别构建每个基因的pGBKT7表达载体（诱饵）和pGADT7表达载体（猎物）。构建载体的引物序列见（表❹-❶）。为验证目的载体是否已经成功转入酵母中，随机挑取多个酵母单菌落进行PCR检测，如（图❹-❶）所示，所有目的基因均已成功转入酵母Y2Hgold菌株中。MADS-box家族基因作为转录因子很多都具备转录激活的结构域（杨致荣等, 2004），构建的诱饵在转入酵母后有激活下游报告基因表达的可能；因此，有必要在试验前对构建的诱饵进行自激活检测。如（图❹-❷）所示，转入诱饵的菌株在单缺SD/-Trp固体培养基上都能长出白色菌落，而在三缺SD/-Trp/-His/-Ade固体培养基上均不能生长，说明诱饵在酵母菌株中均不能激活报告基因，无自身转录激活活性。

外源基因蛋白除自激活能力外，其表达还可能对酵母具有毒性，从而影响酵母的生长，因此还需对构建的诱饵进行毒性验证检测。SD/-Trp固体培养基上的酵母菌与空载体酵母相比，大小相似，菌落形态正常。上述结果表明构建的诱饵没有对酵母菌株产生毒性，可以进行酵母双杂交试验。

表❹-❶ PCR引物序列

名称	序列5’-3’
BK-SOC1-F	CATGGAGGCCGAATTCATGGTGAGAGGAAAAACCCA
BK-SOC1-R	GCAGGTCGACGGATCCCTAGCGCTTTCTTCTTTCTG
BK-SOC2-F	CATGGAGGCCGAATTCATGGTGAGAGGGAAGATTGA
BK-SOC2-R	GCAGGTCGACGGATCCTCAACAGCGCGTTACCG
BK-SOC3-F	CATGGAGGCCGAATTCATGGTTAGGGGGAAGACTCA
BK-SOC3-R	GCAGGTCGACGGATCCCTATGGGTTTTGGCTACTTC
BK-SVP1-F	CATGGAGGCCGAATTCATGGCGAGGGAGAAGATTCA
BK-SVP1-R	GCAGGTCGACGGATCCTTAACCAGAGTAAGGTAAC
BK-SVP2-F	CATGGAGGCCGAATTCATGACGAGGAGGAAAATCCA
BK-SVP2-R	GCAGGTCGACGGATCCTCATATCCCGCTAGGAAAAG
BK-AP1-F	CATGGAGGCCGAATTCATGGGGAGGGGTAGGGTTCAG
BK-AP1-R	GCAGGTCGACGGATCCTCAAGCAGCAAAGCATCCGAG
AD-SOC1-F	GGAGGCCAGTGAATTCATGGTGAGAGGAAAAACCCA
AD-SOC1-R	CGAGCTCGATGGATCCCTAGCGCTTTCTTCTTTCTG
AD-SOC2-F	GGAGGCCAGTGAATTCATGGTGAGAGGGAAGATTGA
AD-SOC2-R	CGAGCTCGATGGATCCTCAACAGCGCGTTACCG
AD-SOC3-F	GGAGGCCAGTGAATTCATGGTTAGGGGGAAGACTCA
AD-SOC3-R	CGAGCTCGATGGATCCCTATGGGTTTTGGCTACTTC
AD-SVP1-F	GGAGGCCAGTGAATTCATGGCGAGGGAGAAGATTCA
AD-SVP1-R	CGAGCTCGATGGATCCTTAACCAGAGTAAGGTAAC
AD-SVP2-F	GGAGGCCAGTGAATTCATGACGAGGAGGAAAATCCA
AD-SVP2-R	CGAGCTCGATGGATCCTCATATCCCGCTAGGAAAAG
AD-AP1-F	GGAGGCCAGTGAATTCATGGGGAGGGGTAGGGTTCAG
AD-AP1-R	CGAGCTCGATGGATCCTCAAGCAGCAAAGCATCCGAG

前人通过酵母双杂交技术在拟南芥体内发现了大量的MADS-box二聚体，例如FLC和SVP形成的异源二聚体，AP1/AP1同源二聚体与SEP/SEP同源二聚体形成的四聚体等（Pelaz et al., 2001）。*SOC1*、*SVP*和*AP1*基因都属于MADS-box家族，在拟南芥中SVP能结合到SOC1的启动子上抑制SOC1的表达（Li et al., 2008）；AP1能够结合AGL24、SVP和SOC1基因的启动子，从而抑制这些基因的表达，保证花器官的正常发育（Yu et al., 2004）。为了比较梅花中PmSOC1s、PmSVPs以及PmAP1基因相互作用方式是否发生了分化，本研究采用酵母双杂交的方法对这3类基因的相互作用模式进行了分析，验证这些基因蛋白间是否形成了同源或异源二聚体。

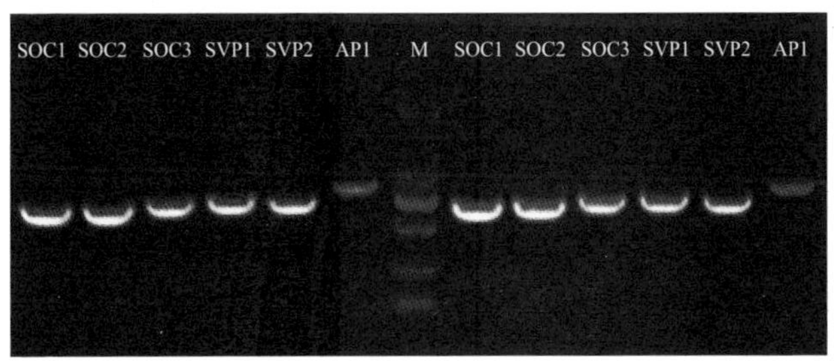

图4-1
构建酵母表达载体菌液PCR验证

M：DL2000 Marker

左侧为pGBKT7-gene（诱饵）菌液PCR产物

右侧为pGADT7-gene（猎物）菌液PCR产物

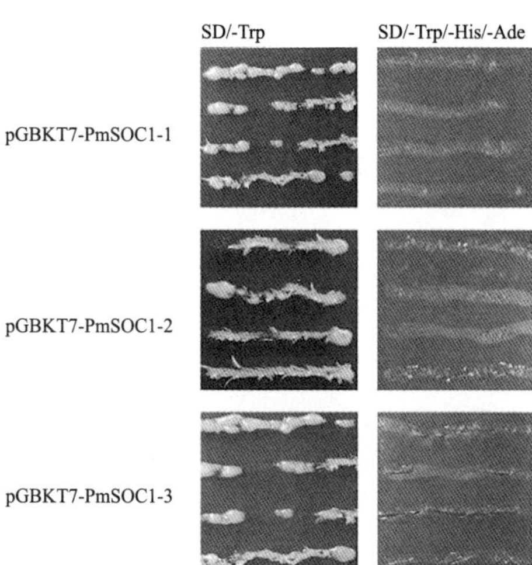
SD/-Trp
SD/-Trp/-His/-Ade
pGBKT7-PmSOC1-1
pGBKT7-PmSOC1-2
pGBKT7-PmSOC1-3

图4-2
诱饵自激活检测

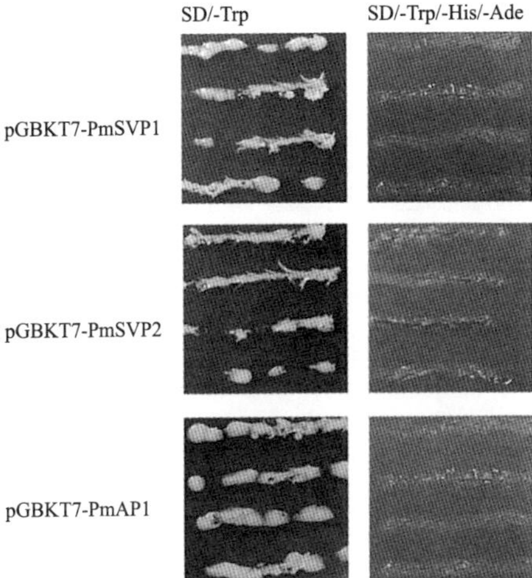
SD/-Trp
SD/-Trp/-His/-Ade
pGBKT7-PmSVP1
pGBKT7-PmSVP2
pGBKT7-PmAP1

✿ 4.2 梅花 *PmSOC1s*、*PmSVPs* 和 *PmAP1*基因之间的相互作用

（图❹-❸、图❹-❹、图❹-❺）所示为PmSOC1s、PmSVPs与PmAP1间的双向（诱饵和猎物间，猎物和诱饵间）酵母双杂交结果。从图中可以看出，试验中所有二倍体酵母都可以在DDO（SD/-Leu/-Trp）培养基上长出菌落，证明二倍体酵母中含有诱饵和猎物两种质粒。由图可以看出，在基因自身及其与同源基因间的相互作用中，梅花3个PmSOC1s基因自身都不能形成同源二聚体，而且3个基因间也不存在相互作用（图❹-❸、图❹-❹）。梅花2个PmSVPs基因自身也都不能形成同源二聚体，但PmSVP1和PmSVP2之间能够形成异源二聚体，存在较强的相互作用（图❹-❺）。梅花PmAP1自身能够形成同源二聚体，存在较强的相互作用（图❹-❺）。

图❹-❸
梅花PmSOC1s、PmSVPs和PmAP1基因间蛋白互作验证

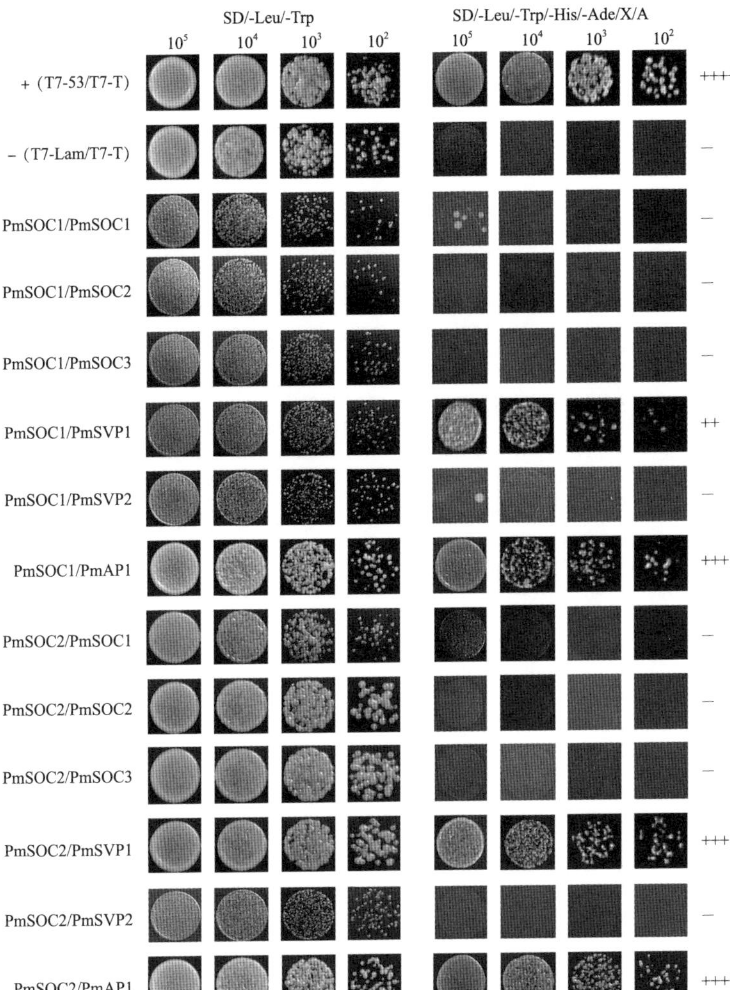
SD/-Leu/-Trp
SD/-Leu/-Trp/-His/-Ade/X/A
10^5
10^4
10^3
10^2
+ (T7-53/T7-T)
++++
– (T7-Lam/T7-T)
–
PmSOC1/PmSOC1
–
PmSOC1/PmSOC2
–
PmSOC1/PmSOC3
–
PmSOC1/PmSVP1
++
PmSOC1/PmSVP2
–
PmSOC1/PmAP1
+++
PmSOC2/PmSOC1
–
PmSOC2/PmSOC2
–
PmSOC2/PmSOC3
–
PmSOC2/PmSVP1
+++
PmSOC2/PmSVP2
–
PmSOC2/PmAP1
++++

在PmSOC1s与PmSVPs基因间的互作关系检测中发现，PmSOC1-1和PmSOC1-2都能与PmSVP1发生较强的相互作用（图❹-❸）。与PmSVP1关系不同，PmSOC1-1和PmSOC1-2与PmSVP2之间诱饵和猎物双方向都不存在相互作用（图❹-❸，图❹-❺）。在PmSOC1s与PmAP1的相互作用分析中发现，PmSOC1-1和PmSOC1-2与PmAP1双方向杂交都存在很强的相互作用（图❹-❸，图❹-❹），说明蛋白之间可以形成二聚体复合物。PmSOC1-3表现奇特，与包括自身在内的所有检测基因间均不存在相互作用（图❹-❹）。

图❹-❹
梅花PmSOC1s、PmSVPs和PmAP1基因间蛋白互作验证

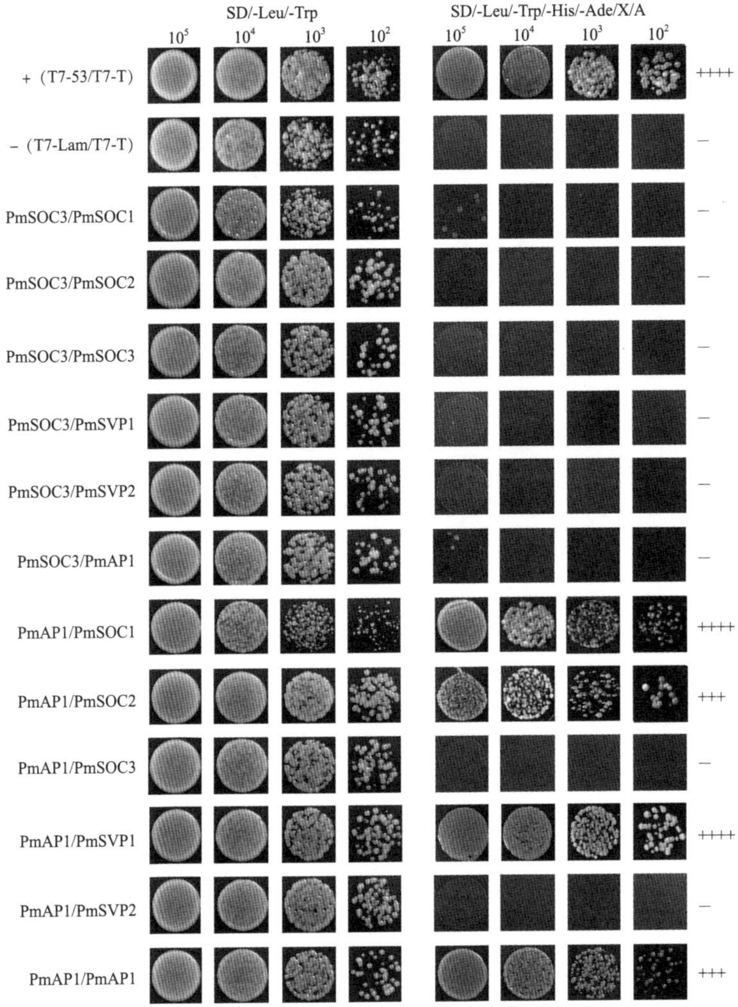

	SD/-Leu/-Trp				SD/-Leu/-Trp/-His/-Ade/X/A				
	10^5	10^4	10^3	10^2	10^5	10^4	10^3	10^2	
+ （T7-53/T7-T）									++++
– （T7-Lam/T7-T）									–
PmSOC3/PmSOC1									–
PmSOC3/PmSOC2									–
PmSOC3/PmSOC3									–
PmSOC3/PmSVP1									–
PmSOC3/PmSVP2									–
PmSOC3/PmAP1									–
PmAP1/PmSOC1									++++
PmAP1/PmSOC2									+++
PmAP1/PmSOC3									–
PmAP1/PmSVP1									++++
PmAP1/PmSVP2									–
PmAP1/PmAP1									+++

（图❹-❹）与（图❹-❺）中所示为PmSVPs与PmAP1酵母双杂交结果。虽然在功能上，SVP与AP1是相互拮抗的，但PmSVP1与PmAP1双方向杂交都存在很强的相互作用，说明这两个蛋白可以形成异源二聚体。与PmSVP1不同，PmSVP2与PmAP1双方向间均不存在相互作用（图❹-❺）。根据酵母双杂交结果，除自身存在很强的相互作用外，PmAP1与PmSOC1-1、PmSOC1-2和PmSVP1存在较强的相互作用，与PmSOC1-3和PmSVP2不存在相互作用（图❹-❹）。

图❹-❺
梅花PmSOC1s、PmSVPs和PmAP1基因间蛋白互作验证

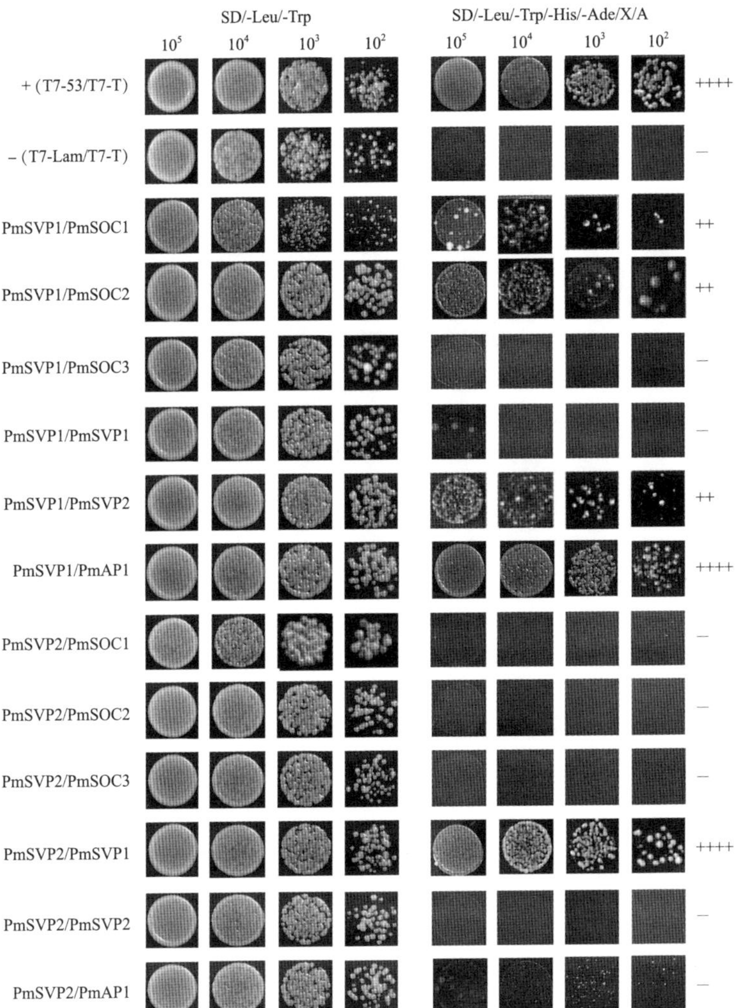
SD/-Leu/-Trp
SD/-Leu/-Trp/-His/-Ade/X/A
10^5
10^4
10^3
10^2
10^5
10^4
10^3
10^2
+ (T7-53/T7-T)
++++
– (T7-Lam/T7-T)
—
PmSVP1/PmSOC1
++
PmSVP1/PmSOC2
++
PmSVP1/PmSOC3
—
PmSVP1/PmSVP1
—
PmSVP1/PmSVP2
++
PmSVP1/PmAP1
++++
PmSVP2/PmSOC1
—
PmSVP2/PmSOC2
—
PmSVP2/PmSOC3
—
PmSVP2/PmSVP1
++++
PmSVP2/PmSVP2
—
PmSVP2/PmAP1
—

4.3 讨论

通过酵母双杂交技术，发现在拟南芥体内含有大量的MADS-box二聚体，例如SVP和FLC形成的二聚体，AP1/AP1同源二聚体与SEP/SEP同源二聚体形成的四聚体等（Pelaz et al., 2001）。MADS-box蛋白形成二聚体、多聚体或者其他的高级复合物对于植物基因调控来说是一种非常重要的形式，研究这种形式能够为阐明生物过程的分子机理奠定基础（De et al., 2005）。

酵母双杂交实验表明，拟南芥*AtSOC1*自身可发生相互作用，形成同源二聚体，或者与其他MADS-box转录因子形成蛋白复合物来调节上下游基因的蛋白表达，进而调控花期（Lee et al., 2008b; Melzer et al., 2008）。本研究中，梅花3个PmSOC1s基因之间不存在相互作用，且自身也都不能形成同源二聚体，特别是PmSOC1-3与包括自身在内的所有检测基因间均不存在相互作用。与梅花类似，山核桃SOC1与包括自身在内的所有山核桃MADS转录因子也均无相互作用表型（侯传明，2014）。以上结果表明，不同物种中的SOC1转录因子之间的相互作用情况具有明显差异。进一步对拟南芥AtSOC1不同结构域双杂交试验表明，AtSOC1主要功能部位的是I结构域和K结构域，基因主要通过I和K结构域形成同源多聚体（施泉等，2016），还有试验发现MADS-box转录因子的I结构域不仅能够帮助转录因子结合DNA，还能够起到促进自身二聚体形成的作用（Ma et al., 1991; Song et al., 2013a）。本研究对拟南芥和梅花*SOC1*同源基因氨基酸序列同源比对发现（图❷-❽），它们I结构域的氨基酸序列差异很大，因此，这种差异性有可能是PmSOC1s和AtSOC1形成不同聚体状态的主要原因。当然，I结构域是否对梅花无法形成同源二聚体起决定性作用还需要进行针对不同结构域的双杂交实验进一步验证。

在拟南芥中，SOC1蛋白在调控开花时间和花发育过程中综合了许多正向和负向基因之间的调控网络（Immink et al., 2012）。酵母双杂交发现SOC1可以分别与AGL24、AP1、FUL、CAL和*SVP*蛋白有相互作用；其中开花负调控因子SVP可以直接通过与SOC1的启动子CArGl区域结合来抑制SOC1的表达，进而延迟开花（Li et al., 2008）。本研究中，PmSOC1-1和PmSOC1-2都能与PmSVP1产生较强的相互作用，且PmSOC1-1、PmSOC1-2和PmSVP1都主要在梅花的茎、叶、芽等营养器官和即将分化的花芽中表达，推测PmSVP1可能通过在梅花营养器官或即将分化的花芽中与PmSOC1-1和PmSOC1-2发生互作，抑制植物成花转变。

最近研究表明，SOC1是一个多功能蛋白，不仅具有调节开花时间的功能，还具有花分生组织确定的功能（Lee and Lee, 2010）。ChIP分析发现，拟南芥AP1通过结合SOC1、AGL24以及SVP基因的启动子，抑制这3个基因的表达从而保证花器官的正常发育（Yu et al., 2002）。SVP蛋白则通过与AP1、LUG（LEUNIG）和SEU（STAPHYLOCOCCAL ENTEROTOXIN U）形成复合物阻碍B类和C类基因的表达，从而起到抑制成花转变的作用（Liu et al., 2008; Yu et al., 2002）。以上结果说明，SOC1和SVP与AP1基因通过互作调控植物成花转变和花分生组织确定。与拟南芥研究结果类似，梅花中PmSOC1-1、PmSOC1-2和PmSVP1基因都能够和PmAP1发生较强的互作。荧光定量分析结果表明PmSOC1-1、PmSOC1-2和PmSVP1基因主要在梅花茎、叶等营养器官和分化的花芽中表达（图❸-❷、图❸-❸），而PmAP1基因则只在梅花生殖器官花萼和分化的花芽中有显著表达（徐宗大，2015），因此推测PmSOC1-1、PmSOC1-2和2个PmSVPs基因与PmAP1的互作可能发生在梅花即将分化或正在分化的花芽中。而梅花中另一个SOC1同源基因PmSOC1-3与所有检测的基因都没有发生任何互作，进一步验证了梅花中3个PmSOC1s基因具有相同的祖先起源，但在后来的进化中功能发生了分化的推论。

5

梅花成花相关基因导入拟南芥的功能分析

Chapter Five

对模式植物拟南芥的多年研究表明，在拟南芥成花转变的过程中，*SOC1*、*SVP*、*LFY*等成花相关基因具有重要的调控作用，近年来从木本植物中克隆得到的大量与树木成花相关的基因也证实可以有效调控花期。鉴于此，本章将本书第2章中克隆到的成花相关基因*PmSOC1s*、*PmSVPs*、*PmLFYs*转入拟南芥中，分析这些基因在拟南芥成花过程中的功能，为利用这些基因改变梅花花期提供理论依据，为采用转基因技术实现梅花阶段转变的人为控制奠定基础。

5.1 植物表达载体构建

转基因植物材料选用拟南芥为生态型Col-0。将双酶切得到的目的基因与植物表达载体pCAMBIA 1304连接，得到重组质粒（图❺-❶），将构建好的重组质粒转化农杆菌EHA105。进一步提取农杆菌中的表达载体质粒进行了PCR验证，由（图❺-❷）可以看出7个基因均已插入植物表达载体pCAMBIA 1304中。对PCR结果为阳性的菌株进行测序，证明所有序列都为正向插入，且没有碱基突变。

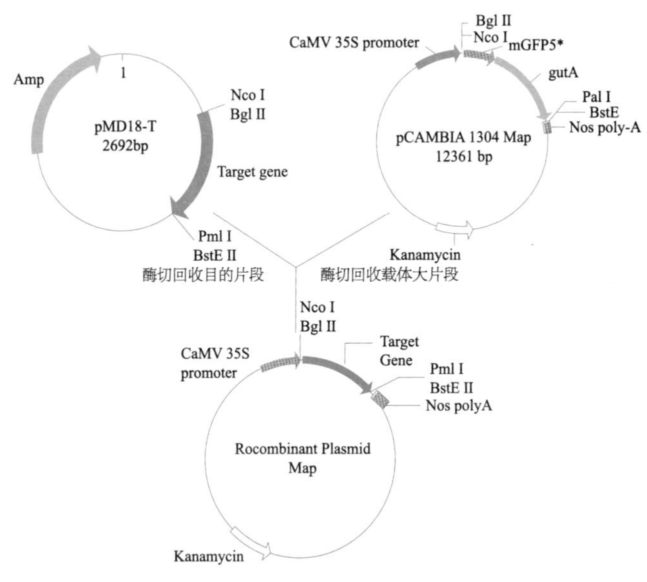

图❺-❶
梅花成花相关基因植物表达载体构建过程

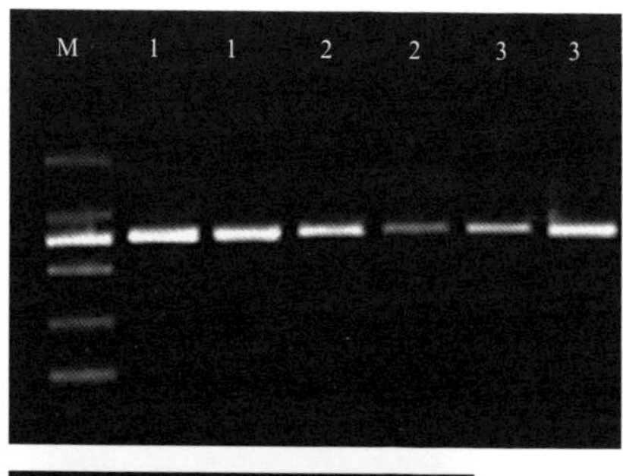

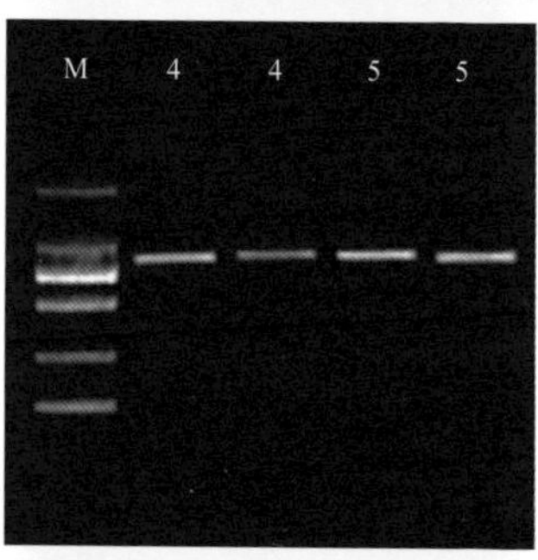

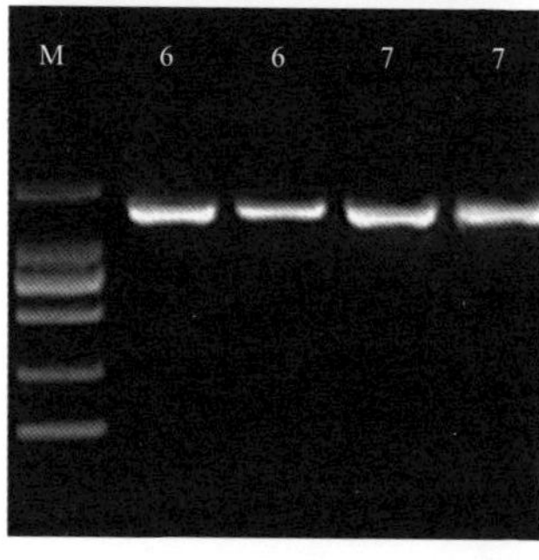

图❺-❷
梅花成花相关基因植物表达载体的PCR验证

M：DL2000 Marker
1：*PmSOC1-1*
2：*PmSOC1-2*
3：*PmSOC1-3*
4：*PmSVP1*
5：*PmSVP2*
6：*PmLFY1*
7：*PmLFY2*

5.2 转成花相关基因拟南芥的获得

采用农杆菌介导的花器官浸染法将梅花成花相关基因*PmSOC1s*、*PmSVPs*、*PmLFYs*分别转入到拟南芥中。将得到的T_0代转基因种子播于含有50mg/L的培养基上进行筛选，10−15d后观测，成功转入基因的拟南芥植株含有潮霉素抗性基因，能够生长正常，如（图❺-❸）所示。将生长正常的拟南芥阳性植株移栽至培养钵中进行培养，并进一步进行PCR验证（图❺-❸），最终收获转基因阳性苗种子（T_1）。经过潮霉素筛选和PCR验证，共得到转*PmSOC1s*基因的T_1代拟南芥108株，其中转*PmSOC1-1*基因的拟南芥35株，转*PmSOC1-2*基因的拟南芥47株，转*PmSOC1-3*基因的拟南芥26株；共得到转*PmSVPs*基因的T_1代拟南芥85株，其中转*PmSVP1*基因的拟南芥43株，转*PmSVP2*基因的拟南芥42株；共得到转*PmLFYs*基因的T_1代拟南芥76株，其中转*PmLFY1*基因的拟南芥32株，转*PmLFY2*基因的拟南芥44株。将转基因拟南芥T_1代种子再次播于含50mg/L潮霉素的MS培养基中，每个基因随机挑选后代分离比为3∶1（潮霉素抗性：非抗性）的6个转基因株系继续进行T_2代和T_3代筛选，获得纯合的转基因种子；将T_3代种子与野生型拟南芥同时播种，在同样的环境条件下培养，进行转基因拟南芥中*AtFLC*、*AtAGL24*、*AtFT*、*AtSOC1*、*AtLFY*、*AtAP1*、*AtFUL*、*AtPI*、*AtAP3*、*AtAG*等基因的表达水平和表型分析。以拟南芥*AtTUB2*为内参基因，剪取播种后6d、12d和16d转基因拟南芥的全株进行实时荧光定量（qRT-PCR）分析，所用引物序列见（表❺-❶）。

表5-1 PCR检测、荧光定量PCR分析用到的引物

名称	序列（5'-3'）	用途
CaMV 35S-F	GGAAAGGCCATCGTTGAAGAT	T1代阳性苗PCR验证
PmSOC1-1-R	CTAGCGCTTTCTTCTTTCTGGCAGT	
PmSOC1-2-R	TCAACAGCGCGTTACCGGC	
PmSOC1-3-R	CTATGGGTTTTGGCTACTTC	
PmSVP1-R	TTAACCAGAGTAAGGTAACCCCAAT	
PmSVP2-R	TCATATCCCGCTAGGAAAAGCT	
PmLFY1-R	TCAGTAGGGTAGGTGATCACCG	
PmLFY2-R	TCAGTAGGGTAGGTGATCACCG	
AtTUB2-F	GGTAGATTCGTTCCTCGTGC	拟南芥内参基因
AtTUB2-R	GCTCCTTCCGTGTAGTGTCC	
RT-PmSOC1-1F	TTTCAGTTCTTTGTGATGCTGAGG	检测转入*PmSOC1-1*基因表达量
RT-PmSOC1-1R	CGGATTTGTTGTTGGTAAGGTTG	
RT-PmSOC1-2F	TTTCAGTTCTCTGCGATGCTC	检测转入*PmSOC1-2*基因表达量
RT-PmSOC1-2R	AATCTTGTTGGTTTGCCCAG	
RT-PmSOC1-3F	AGCTCTCAGTTCTATGTGATGCTG	检测转入*PmSOC1-3*基因表达量
RT-PmSOC1-3R	TTGATAACGGTCTAGTGTGTTGC	
RT-PmSVP1F	CCACTGGAAAACTCTTTGAATACG	检测转入*PmSVP1*基因表达量
RT-PmSVP1R	CAAGAGATGGTTGTTCTATTTTCG	
RT-PmSVP2F	TGTGATGCTGAGATTGCTCTTGTAG	检测转入*PmSVP2*基因表达量
RT-PmSVP2R	CAGGTGATGCCTTTCAATTACTTG	
RT-PmLFY1-F	AGGGTGTGGACAACGACATG	检测转入*PmLFY1*基因表达量
RT-PmLFY1-R	AACACTTGGTTTGTTACCTTGG	
RT-PmLFY2-F	AGGGTGTGGACAACGAGGAC	检测转入*PmLFY2*基因表达量
RT-PmLFY2-R	AACACTTGGTTTGTTACCTTGG	

PCR检测、荧光定量PCR分析用到的引物

名称	序列（5'-3'）	用途
AtFLC-F	ATCATCATGTGGGAGCAGAAG	检测转基因拟南芥中*AtFLC*表达量
AtFLC-R	TTCAACCGCCGATTTAAGG	
AtFT-F	GGTTGTTCCAGTTGTAGCAGG	检测转基因拟南芥中*AtFT*表达量
AtFT-R	GGTGGAGAAGACCTCAGGAACT	
AtSOC1-F	GTGTCAAATGTATTCGAGCAAG	检测转基因拟南芥中*AtSOC1*表达量
AtSOC1-R	GAAGAACAAGGTAACCCAATGA	
AtAP1-F	CACCAAATCCAGCATCCTTAC	检测转基因拟南芥中*AtAP1*表达量
AtAP1-R	GTTCGAGATCATTCCTCCTCA	
AtLFY-F	GAGGTAGTGGTTTGGGGACA	检测转基因拟南芥中*AtLFY*表达量
AtLFY-R	TGTTTATGTAACTCGCTCCTGA	
AtFUL-F	AGAAAGAACCAAGCTATGTTCG	检测转基因拟南芥中*AtFUL*表达量
AtFUL-R	GAGGAGGTTACGCAGTATTGAG	
AtAGL24-F	CGAAGACAAAACCAAGCAGC	检测转基因拟南芥中*AtAGL24*表达量
AtAGL24-R	ACACGGCTAAGTCCGGATTC	
AtAP3-F	ACTCAATATGAGCGAATGCAA	检测转基因拟南芥中*AtAP3*表达量
AtAP3-R	GCTCGTCCAAACACTCACCTA	
AtPI-F	TACAACTGGAGCTCAGGCAT	检测转基因拟南芥中*AtPI*表达量
AtPI-R	ATTCCTCTTGCGTTGCTTG	
AtAG-F	TTGATGGGTGAGACGATAGG	检测转基因拟南芥中*AtAG*表达量
AtAG-R	TTCTTGGATCGGATTCGG	

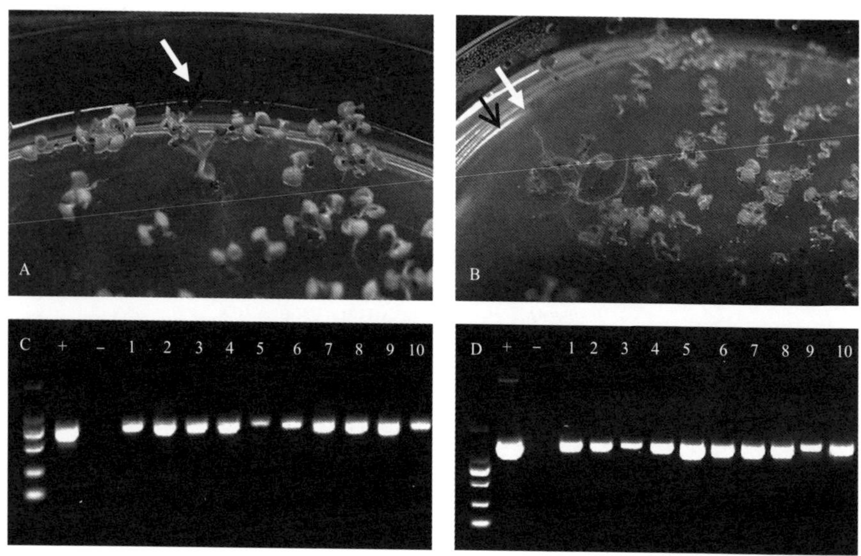

图❺-❸

拟南芥转基因株系的筛选和鉴定

（注：A, B：潮霉素抗性筛选，白色箭头所指为阳性苗；C, D：PCR 鉴定）
M：DNA maker DL2000
+：以质粒为阳性对照
−：以野生型对照DNA为阴性对照

采用RT-PCR和qRT-PCR对梅花*PmSOC1s*、*PmSVPs*和*PmLFYs*基因在转基因拟南芥中是否表达及表达量高低进行了分析。由（图❺-❹A）可以看出，每个转入拟南芥的基因在6个株系中都有表达；但是荧光定量的结果显示，不同转基因株系的外源基因表达量存在差异（图❺-❹B）。

在转*PmSOC1-1*基因和*PmSOC1-2*基因的株系中，根据转入基因的表达量明显可以分为两组，其中，转*PmSOC1-1*的6个株系中，#1、#6和#9的35S::*PmSOC1-1*表达量高，而#13、#18和#24的表达量较低；转*PmSOC1-2*基因的6个株系中，#5、#8和#10的35S::*PmSOC1-2*表达量高，而#14、#19和#28的表达量较低，两组相差一倍多。在转*PmSOC1-3*的6个株系中，#8的35S::*PmSOC1-3*表达量最高，#2次之；而#12的35S::*PmSOC1-3*表达量最低。转*PmSVP1*基因的#3株系表达的*PmSVP1*量最高，而#7株系表达量最低，二者相差一倍多。#2表达的*PmSVP2*最多，而#10表达的*PmSVP2*最少。在6个转*PmLFY1*的拟南芥株系中，#10和#30的外源基因表达量高于其他4个转基因株系。#33表达的*PmLFY2*最多，而#24表达的*PmLFY2*最少。

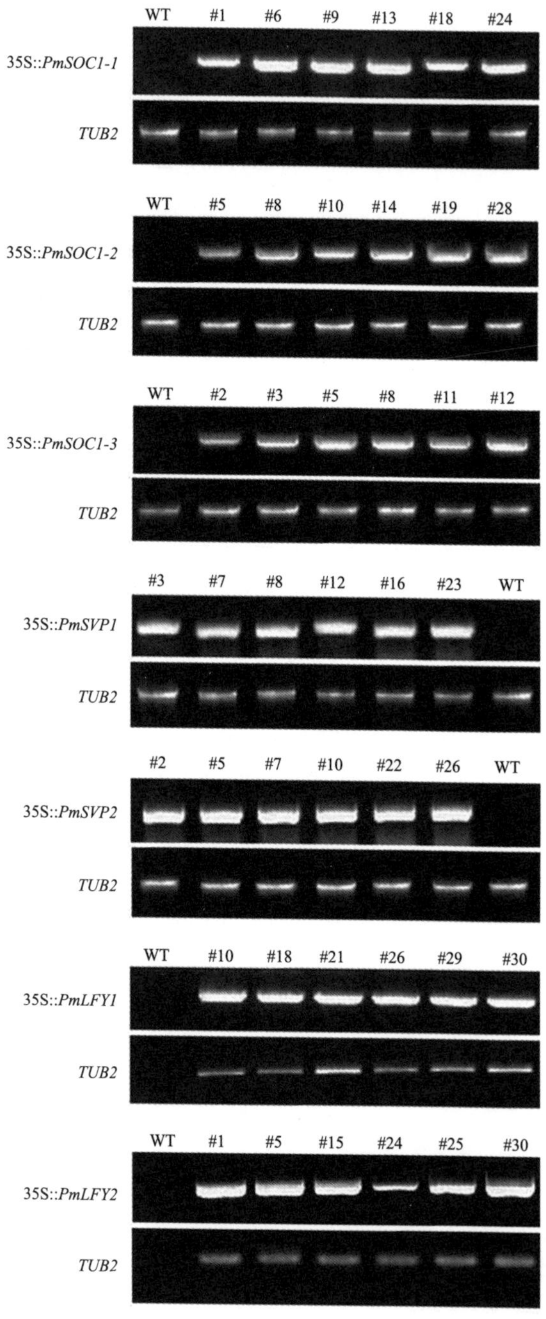

图5-4

梅成花相关基因在转基因拟南芥中的表达

（注：A：RT-PCR检测；B：实时荧光定量PCR检测）

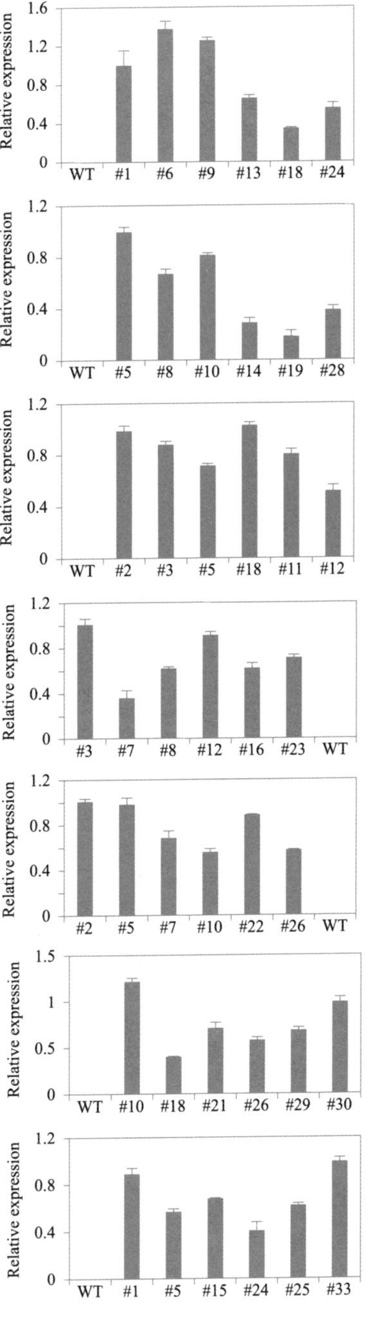
Relative expression
1.6
1.2
0.8
0.4
0
WT #1 #6 #9 #13 #18 #24
Relative expression
1.2
0.8
0.4
0
WT #5 #8 #10 #14 #19 #28
Relative expression
1.2
0.8
0.4
0
WT #2 #3 #5 #18 #11 #12
Relative expression
1.2
0.8
0.4
0
#3 #7 #8 #12 #16 #23 WT
Relative expression
1.2
0.8
0.4
0
#2 #5 #7 #10 #22 #26 WT
Relative expression
1.5
1
0.5
0
WT #10 #18 #21 #26 #29 #30
Relative expression
1.2
0.8
0.4
0
WT #1 #5 #15 #24 #25 #33

B

5.3 转成花相关基因拟南芥的表型分析

5.3.1 过表达*PmSOC1s*基因拟南芥的表型分析

通过对转基因拟南芥T_3代和野生型的表型观察，除35S::*PmSOC1-3*的转基因株系表型较为一致外，35S::*PmSOC1-1*和35S::*PmSOC1-2*的转基因株系表型在花期提前的程度和表型变异的强弱方面表现出了强表现型和弱表现型两种表型。其中，35S::*PmSOC1-1*中的#1、#6、#9为强表现型，#13、#18、#24为弱表现型；35S::*PmSOC1-2*中的#5、#8、#10为强表现型，#14、#19、#28为弱表现型。这与之前利用qRT-PCR检测转入基因的表达量的结果相一致。即*PmSOC1-1*和*PmSOC1-2*的强表现型转基因株系其转入基因的表达量也高（图❺-❹B），这说明转入基因的表达丰度与转基因植株的表型变异存在正相关关系。

在长日照条件下，与野生型拟南芥植株要长出13片莲座叶才能抽薹相比，35S::*PmSOC1-1*转基因株系强表现型的植株开花提前明显，在5片莲座叶即可开花（图❺-❺ I A），而弱表现型的植株在长出8片莲座叶也开始抽薹开花。35S::*PmSOC1-2*转基因株系的强表现型植株在所有转基因株系中开花提前最为明显，从（表❺-❷）中可以看出，无论是在长日照条件还是短日照条件下，均能使植株开花时间大幅提前，个别转基因株系在长日照条件下长出3片莲座叶时即已开花（图❺-❺IIA）。弱表现型植株在平均长出6片莲座叶时也能够开花。35S::*PmSOC1-3*转基因株系在长日照条件下需要32.4–34.5d开花，与野生型需要大约37.3d开花相比略有提前（表❺-❷）。以上结果说明3个*PmSOC1s*基因都可以促使拟南芥提前开花，但作用强度存在差异。

表❺-❷ 转*PmSOC1s*基因拟南芥开花表型

基因型	株系	开花时莲座叶数量		从播种至开花所需天数	
		长日照 LD	短日照 SD	长日照 LD	短日照 SD
Wild-type	Col-0	13.5 ± 0.6a	30.8 ± 1.0a	37.3 ± 1.2a	85.0 ± 1.2a
35S::*PmSOC1-1*	#1△	5.5 ± 0.6e	7.9 ± 1.4f	26.3 ± 1.3e	59.8 ± 1.7e
	#6△	6.2 ± 0.8e	8.6 ± 0.5f	27.5 ± 1.2cd	60.3 ± 2.2e
	#9△	6.3 ± 1.5e	9.0 ± 0.8f	27.8 ± 0.5de	61.8 ± 2.1e
	#13☆	8.8 ± 1.0cd	12.5 ± 1.0de	32.8 ± 1.0b	68.9 ± 0.9d
	#18☆	9.0 ± 0.7bcd	13.7 ± 0.9d	33.2 ± 1.7b	70.0 ± 0.8d
	#24☆	8.5 ± 0.6d	12.3 ± 1.0de	32.0 ± 2.6bc	69.3 ± 1.0d
35S::*PmSOC1-2*	#5△	3.3 ± 0.5f	4.8 ± 1.0g	19.7 ± 1.5f	43.7 ± 1.2f
	#8△	3.5 ± 0.6f	5.5 ± 1.3g	22.0 ± 2.0f	44.6 ± 0.9f
	#10△	3.5 ± 1.0f	5.8 ± 0.5g	22.3 ± 2.1f	45.4 ± 0.5f
	#14☆	5.8 ± 0.9e	8.8 ± 1.0f	27.8 ± 1.3de	59.0 ± 1.4e
	#19☆	6.3 ± 0.5e	12.0 ± 0.8e	28.7 ± 0.6cd	59.3 ± 1.3e
	#28☆	6.2 ± 1.5e	10.9 ± 1.2e	28.3 ± 1.0d	60.4 ± 1.1e
35S::*PmSOC1-3*	#2	8.7 ± 0.4d	17.8 ± 1.5c	32.5 ± 1.3b	78.0 ± 1.0c
	#3	10.5 ± 1.3bc	21.5 ± 1.3b	34.0 ± 1.4b	81.2 ± 0.9b
	#5	9.3 ± 1.5bcd	19.3 ± 0.5c	32.4 ± 2.6bc	78.5 ± 1.3c
	#8	9.8 ± 2.1bcd	21.3 ± 1.2b	33.8 ± 1.0b	79.7 ± 1.2bc
	#11	11.0 ± 1.4b	23.0 ± 1.4b	34.5 ± 1.3b	82.4 ± 1.3b
	#12	9.0 ± 0.9bcd	20.0 ± 2.8bc	32.8 ± 2.5b	78.3 ± 0.5c

注：表中数据为开花所需天数和莲座叶数量的平均值 ± 标准差；同一列的不同小写字母为 $p<0.05$ 的显著性差异。Col-0：野生型拟南芥哥伦比亚 Columbia-0；△：强表现型；☆：弱表现型。

在获得的35S::*PmSOC1-3*拟南芥转基因株系中，与野生型拟南芥相比（图❺-❺IVA-IVG），除花期略有提前外，未发现其他明显差异（图❺-❺IIIA-IIIG）。qRT-PCR分析表明*PmSOC1-3*转基因株系中有强弱不同的表达（图❺-❹B），暗示35S::*PmSOC1-3*在转基因株系中有稳定表达。35S::*PmSOC1-1*和35S::*PmSOC1-2*的转基因株系在诱导拟南芥提前开花中表现出的强弱两种表型在花型、花色和株型等方面与野生型拟南芥相比也相应地表现出强弱两种不同表型。与野生型相比，35S::*PmSOC1-1*和35S::*PmSOC1-2*转基因株系的弱表现型除35S::*PmSOC1-2*的花瓣细化更明显外，其他变异基本一

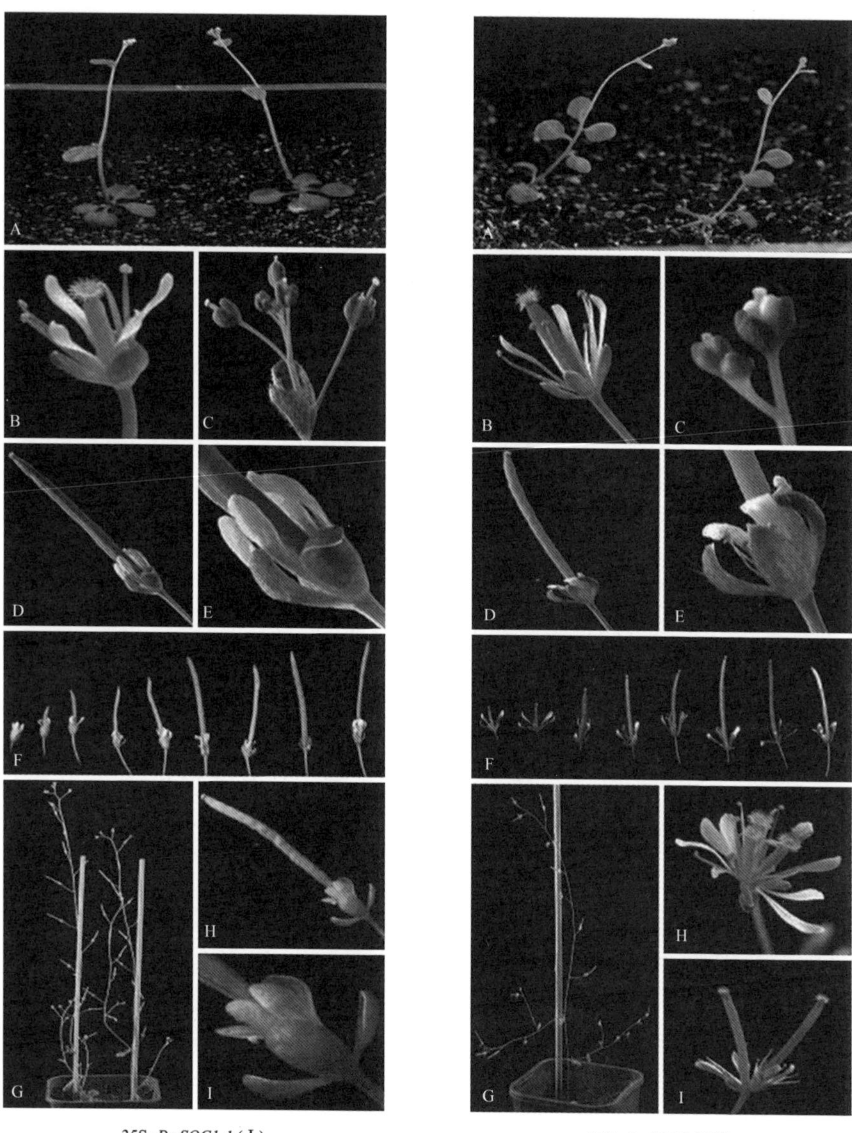

ⅠA-ⅠI—转*PmSOC1-1*拟南芥表型
ⅡA-ⅡI—转*PmSOC1-2*拟南芥表型
ⅢA-ⅢG—转*PmSOC1-3*拟南芥表型
ⅣA-ⅣG—野生型拟南芥表型

图5-5
转*PmSOC1s*基因拟南芥表型

ⅠA,ⅡA,ⅢA：长日照条件下与野生型拟南芥（ⅣA）相比，播种30d时的35S::*PmSOC1-1*, 35S::*PmSOC1-2*和35S::*PmSOC1-3*的早花表型；
ⅠB和ⅡB：35S::*PmSOC1-1*和35S::*PmSOC1-2*花瓣细丝状；
ⅢB-ⅢC,ⅣB-ⅣC：35S::*PmSOC1-3*和野生型拟南芥的正常花瓣；

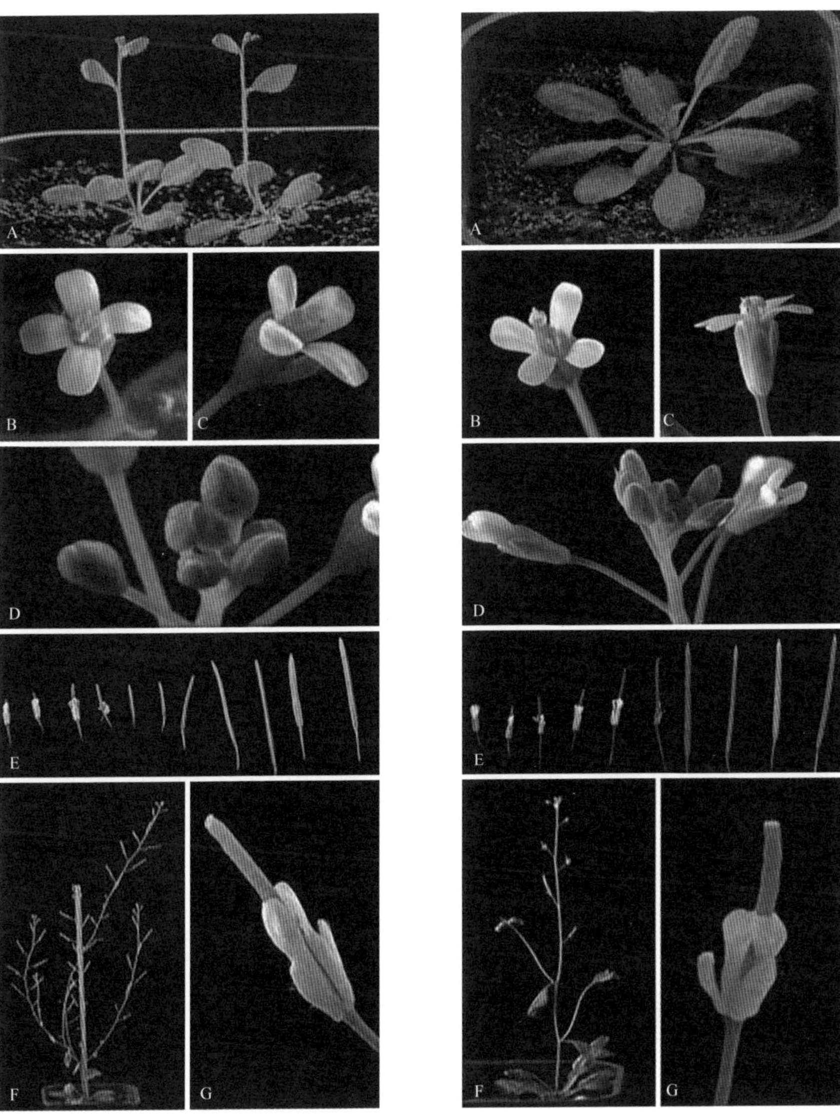

35S::*PmSOC1-3* (Ⅲ)　　wild type (Ⅳ)

ⅠC和ⅡC：35S::*PmSOC1-1*和35S::*PmSOC1-2*雌蕊伸出花被外；
ⅢD和ⅣD：35S::*PmSOC1-3*和野生型拟南芥的正常雌蕊；
ⅠD-ⅠE,ⅡD-ⅡE：35S::*PmSOC1-1*和35S::*PmSOC1-2*花萼叶片状；
ⅢG和ⅣG：35S::*PmSOC1-3*和野生型拟南芥的正常花萼；
ⅠF和ⅡF：35S::*PmSOC1-1*和35S::*PmSOC1-2*的花萼、花瓣在果荚伸长期宿存不脱落；
ⅢE和ⅣE：35S::*PmSOC1-3*和野生型拟南芥正常果荚，花萼和花瓣均已脱落；
ⅡG：35S::*PmSOC1-2*植株一级侧枝向水平方向生长；
ⅠH-ⅠI：35S::*PmSOC1-1*花瓣变为绿色；
ⅡH-ⅡI：35S::*PmSOC1-2* Terminal flower的不同形态

致，都发生了花瓣细丝状，花瓣檐部直立，不能平展成十字形（图❺-❺ⅠB,ⅡB）；雌蕊心皮长度变长，伸出花被外（图❺-❺ⅠC,ⅡC）；花萼叶片状（图❺-❺ⅠD,ⅠE,ⅡD,ⅡE），花瓣和花萼在果荚伸长期宿存（图❺-❺ⅠF,ⅡF）等变异。他们的强表现型则表现出不同的变异。35S::*PmSOC1-1*转基因株系的强表现型植株在发生了弱表现型的变异基础上，与野生型相比，还发生了花瓣变为绿色的变异（图❺-❺ⅠH,ⅠI）。35S::*PmSOC1-2*转基因株系的强表现型植株除了发生弱表现型的变异外，还在植株形态建成方面发生了明显变化，即所有主茎上的分枝（茎生分枝）都向水平方向生长（图❺-❺ⅡG），从而使拟南芥的株型彻底发生了改变。此外，35S::*PmSOC1-2*强表现型植株的部分花序顶端发生了由2–4朵花合生形成末端花（Terminal flower，简称TF）的现象，花序顶端TF的花器官数目不定，且通常最先开放（图❺-❺ⅡH,ⅡI）。以上表型说明，*PmSOC1-1*和*PmSOC1-2*可能具有调节花器官发育的功能。除此之外，*PmSOC1-2*还具有将花序顶端分生组织转变为花分生组织的功能。

通过对拟南芥的研究表明，*SOC1*基因整合了多条开花途径的开花信号，并通过上调其下游花分生组织特性基因来促进植物开花（Lee and Lee, 2010; Lee et al., 2008b）。由于将3个*PmSOC1s*基因导入拟南芥都表现出了早花表型，为了验证这种早花表型是否是由导入的*PmSOC1s*基因上调了拟南芥中的下游花分生组织特性基因引起的。利用qRT-PCR技术检测了*LFY*、*AP1*、*AGL24*和*FUL*基因在强表现型转基因拟南芥种子萌发后的第6、12、16d的表达情况。结果表明，*LFY*基因在35S::*PmSOC1-2*转基因株系中的表达量显著高于野生型拟南芥和其他2个*PmSOC1s*转基因株系（35S::*PmSOC1-1*和35S::*PmSOC1-3*），并一直维持较高水平（图❺-❻）。与此同时，*AP1*基因的表达量也表现出了与*LFY*基因较为一致的变化趋势（图❺-❻）。而与*SOC1*基因功能相似的*AGL24*基因和另一个促进花起始发育的*FUL*基因（Liu et al., 2008; Michaels et al., 2003; Yu et al., 2002）的表达水平则表现出了随着植株生长发育逐步上升的相似规律（图❺-❻）。

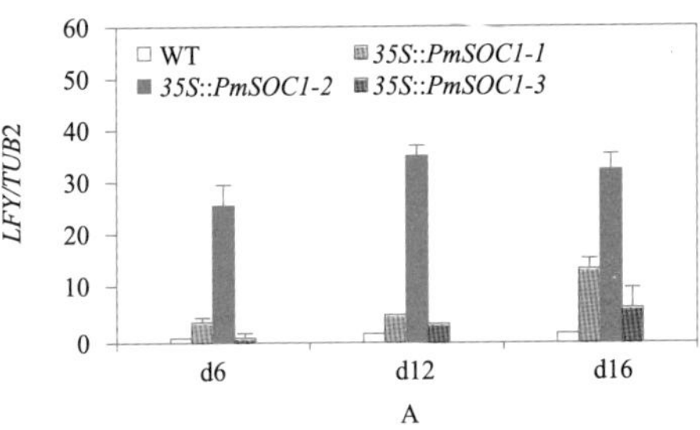

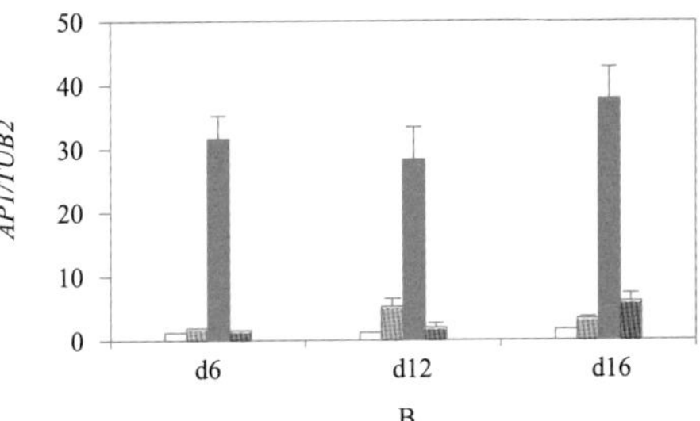

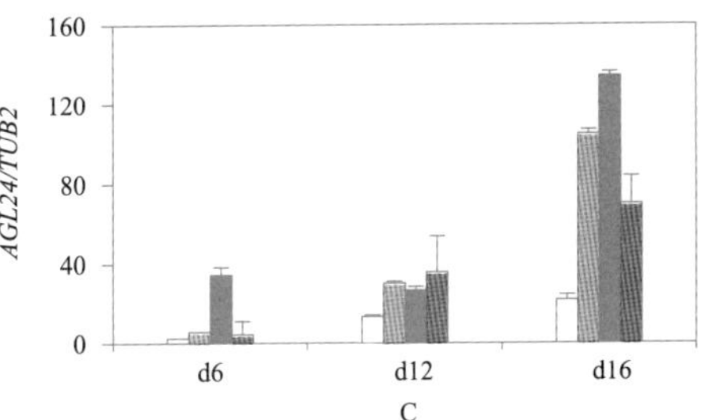

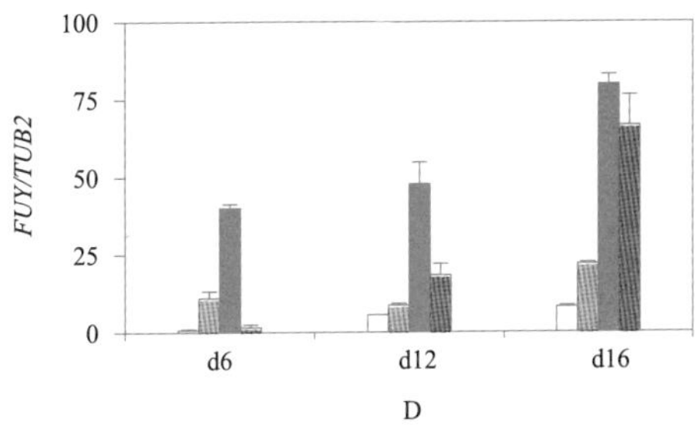

图5-6

*PmSOC1s*转化拟南芥植株在播种后6、12、16 d基因表达qRT-PCR分析

以拟南芥*TUB2*为内参基因。误差线代表标准误。
A—*LFY*基因表达情况
B—*AP1*基因表达情况
C—*AGL24*基因表达情况
D—*FUL*基因表达情况

5.3.2 过表达*PmSVPs*基因拟南芥的表型分析

如（表❺-❸）和（图❺-❼）ⅠA，ⅢA所示，在长日照条件下，转*PmSVP1*基因的拟南芥与野生型对照相比都表现出不同程度的延迟开花现象。野生型拟南芥平均需要大约37.3d开花，而35S::*PmSVP1*拟南芥需要49.7–59.0d才能开花（表5-3）。野生型拟南芥在开花时莲座状叶片平均数量为13.5，35S::*PmSVP1*拟南芥开花时莲座状叶片的平均数量为19.7–25.6（表5-3）。晚花表型与利用qRT-PCR检测*PmSVP1*在转基因拟南芥中的表达量相一致，如：35S::*PmSVP1*转基因植株中开花时间最晚的＃3株系，其荧光定量中转入基因的表达水平也最高（图❺-❹B）。除延迟开花性状外，35S::*PmSVP1*拟南芥在花器官形态上也发生了变化（图❺-❼ⅠB-E）。主要表现为花瓣数量增多（图❺-❼ⅠB-C），雌蕊心皮伸长（图❺-❼ⅠD-E），以及花萼叶片状并宿存于成熟果荚上（图❺-❼ⅠH）等变异。此外，*PmSVP1*的过表达还造成拟南芥表皮毛的增多。这些表型表明，*PmSVP1*除具有延迟开花功能外，与*PmSOC1s*一样还可能参与了调控花器官发育的功能。

与过表达*PmSVP1*的拟南芥表型相比，在长日照条件下，转*PmSVP2*的拟南芥并未表现出延迟开花的表型（图❺-❼ⅡA）。如表5-3所示，转*PmSVP2*的拟南芥从播种至开花所需平均天数为36.7–40.3d，与野生型拟南芥的开花时间基本一致，未见显著差异（表❺-❸，图❺-❼ⅡA、ⅢA）。这表明*PmSVP2*的过表达未造成拟南芥明显的晚花表型。但*PmSVP2*在野生型拟南芥中的异源表达使花序分枝数量发生变化。一般情况下，野生型拟南芥只有一个主花序，而35S::*PmSVP2*拟南芥在开花时同时长出3个及以上的主花序（图❺-❼ⅡE、F，ⅢE）。除花序分枝数量增加外，35S::*PmSVP2*拟南芥与野生型拟南芥表型并无其他区别（图❺-❼ⅡB、C、D、G；ⅢB、C、D、F、G）。以上表型说明，*PmSVP2*基因可能具有促进花序分枝特性的功能。

表❺-❸ **转*PmSVPs*基因拟南芥的开花表型**

基因型	株系	开花时莲座叶数量	从播种至开花所需天数
Wild-type	Col-0	13.5 ± 0.6a	37.3 ± 1.2a
35S::*PmSVP1*	#3	24.3 ± 0.8cd	59.0 ± 1.5d
	#7	19.7 ± 0.3b	48.0 ± 0.6b
	#8	22.7 ± 0.7cd	55.3 ± 0.6c
	#12	23.6 ± 0.3cd	57.7 ± 0.9cd
	#16	21.3 ± 0.9bc	49.7 ± 0.3b
	#23	25.6 ± 1.2d	58.3 ± 1.5d
35S::*PmSVP2*	#2	15.8 ± 0.9a	38.3 ± 0.9a
	#5	16.2 ± 1.5a	40.3 ± 1.5a
	#7	14.3 ± 1.5a	37.0 ± 1.7a
	#10	13.3 ± 0.5a	36.7 ± 0.9a
	#22	15.3 ± 1.2a	37.7 ± 1.5a
	#26	14.5 ± 0.6a	38.0 ± 2.6a

注：表中数据为开花所需天数和莲座叶数量的平均值 ± 标准差；同一列的不同小写字母为$p<0.05$的显著性差异。Col-0：野生型拟南芥哥伦比亚 Columbia-0。

在拟南芥中，*SVP*通过负调控花器官特性基因抑制植物开花。为了进一步揭示过表达*PmSVPs*植株的晚花表型与*PmSVPs*基因的关系，对转基因植株不同生长时期（种子萌发后的第6、12、16d）的开花相关基因（*FT*、*SOC1*、*FLC*、*AP1*）表达进行了qRT-PCR分析。结果表明，在转*PmSVP1*基因株系中，*FT*和*SOC1*基因的表达量显著低于野生型拟南芥和*PmSVP2*转基因株系，特别是*SOC1*基因在35S::*PmSVP1*中仅有微弱表达（图❺-❽A、B），表明*PmSVP1*在拟南芥中过表达，抑制了拟南芥中*FT*和*SOC1*等开花基因的表达，从而使植株延迟开花。而抑制开花的*FLC*基因和花分生组织决定基因*AP1*的表达水平与野生型拟南芥中的表达水平保持一致，都表现出了随着植株生长发育逐步上升的相似规律（图❺-❽C、D）。与35S::*PmSVP1*拟南芥株系中开花基因表达量不同，在35S::*PmSVP2*株系中，*FT*、*SOC1*、*FLC*和*AP1*的表达量与野生型拟南芥相比，均未见显著差异，这与35S::*PmSVP2*拟南芥不能延迟开花表型相一致。

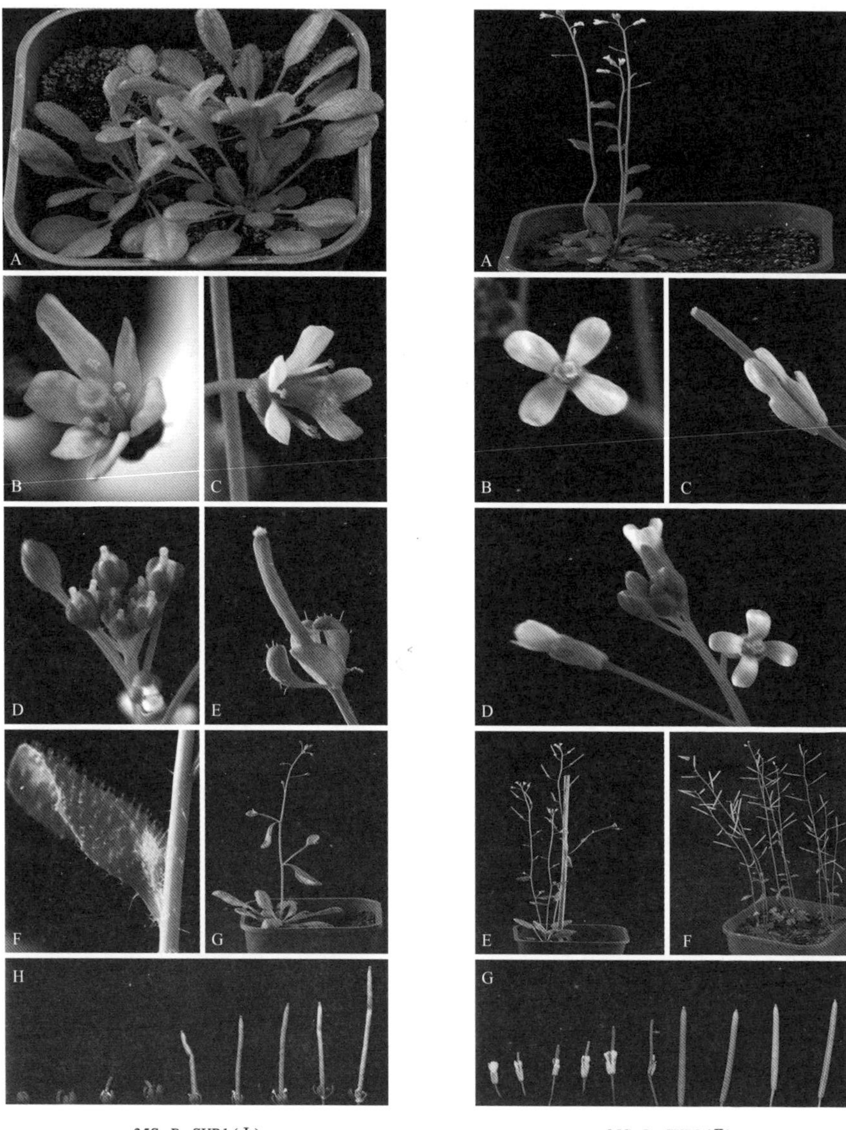

Ⅰ A-Ⅰ H—转*PmSVP1*拟南芥表型
Ⅱ A-Ⅱ G—转*PmSVP2*拟南芥表型
Ⅲ A-Ⅲ G—野生型拟南芥表型

Ⅰ A, Ⅱ A：长日照条件下与野生型拟南芥（ⅢA）相比，播种45d时35S::*PmSVP1*和35S::*PmSVP2*的开花表型；
Ⅰ B-Ⅰ C：35S::*PmSVP1*花瓣数量改变；
Ⅱ B; Ⅲ B-Ⅲ C：35S::*PmSVP2*和野生型拟南芥的正常花瓣数量；
Ⅰ D：35S::*PmSVP1*雌蕊伸出花被外；

图5-7
转*PmSVPs*基因拟南芥表型

wild type (Ⅲ)

ⅡD; ⅢD：35S::*PmSVP2*和野生型拟南芥的正常雌蕊；
ⅠE：35S::*PmSVP1*花萼叶片状；
ⅡC; ⅢF：35S::*PmSVP2*和野生型拟南芥的正常花萼；
ⅠF：35S::*PmSVP1*叶片具大量表皮毛；
ⅠH：35S::*PmSVP1*的花萼在果荚伸长期宿存不脱落；
ⅡG; ⅢG：35S::*PmSVP2*和野生型拟南芥正常果荚，花萼和花瓣均已脱落；
ⅡE-ⅡF：35S::*PmSVP2*植株分枝增多；
ⅠG, ⅢE：35S::*PmSVP1*和野生型拟南芥分枝数量正常

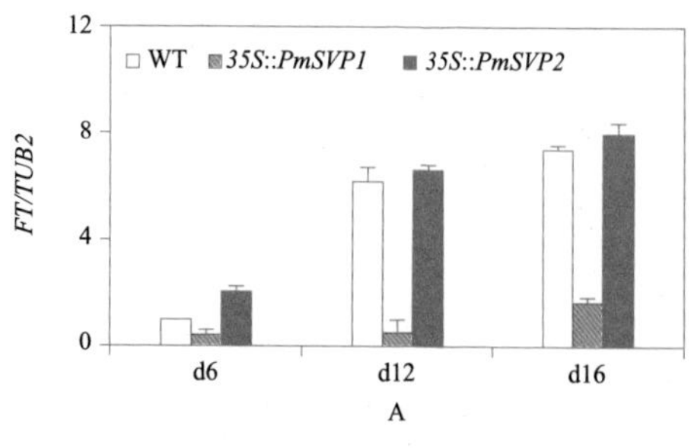

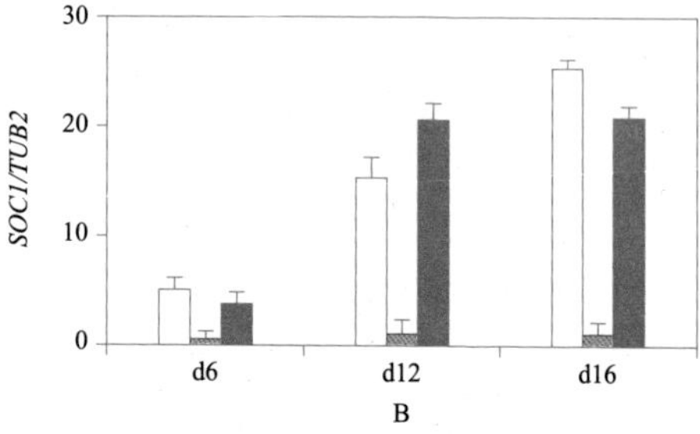

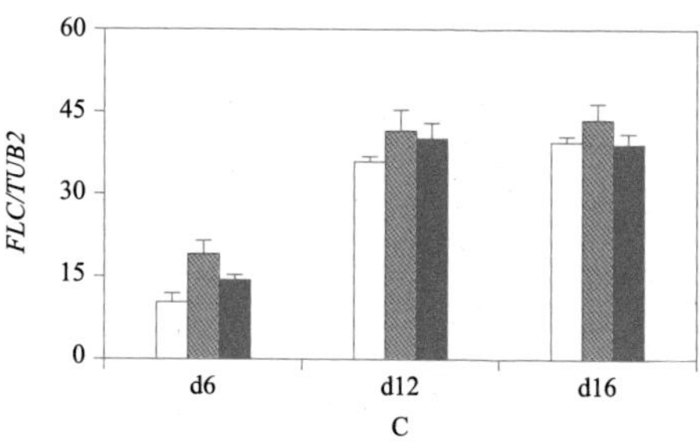

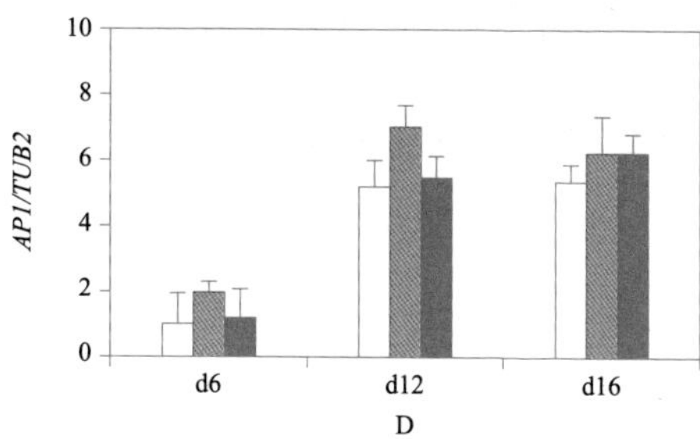

*PmSVPs*转化拟南芥植株在播种后6、12、16d基因表达qRT-PCR分析

以拟南芥*TUB2*为内参基因。误差线代表标准误。
A—*FT*基因表达情况
B—*SOC1*基因表达情况
C—*FLC*基因表达情况
D—*AP1*基因表达情况

5.3.3 过表达*PmLFYs*基因拟南芥的表型分析

与过表达*PmSOC1s*的拟南芥表型相似，转*PmLFYs*基因的拟南芥也表现出提前开花的表型，但提前开花的程度比转*PmSOC1s*的表型弱（表❺-❹，图❺-❾ⅠA，ⅡA）。如（表❺-❹）所示，在长日照条件下，转*PmLFY1*基因的拟南芥从播种至开花所需平均天数为24.3–30.3d，开花时拟南芥莲座叶数量为8.3–11.0片；转*PmLFY2*基因拟南芥这两项数值分别为25.0–33.0d和8.6–12.3片。与野生型拟南芥相比，转*PmLFY1*和*PmLFY2*的拟南芥株系在开花时间上分别大约提前了7–13d和4–12d。此外，35S::*PmLFY1*和35S::*PmLFY1*转基因拟南芥在短日照条件下也能够提前开花（表❺-❹）。与在长日照下相比，它们的花期分别为69.3–74.8d和74.0–81.0d，花期延迟，但与野生型花期为85d相比有所提前。以上结果说明无论是在长日照条件还是短日照条件下，*PmLFY1*和*PmLFY2*都能够促使拟南芥提前开花。

除了促进开花外，在长日照条件下与野生型拟南芥相比（图❺-❾Ⅲ A-H），35S::*PmLFY1*和35S::*PmLFY2*转基因拟南芥受到显著影响的性状是花发育。在35S::*PmLFY1*转基因拟南芥中，主要表现为：所有的莲座叶叶腋处分枝（基生分枝）（图❺-❾ⅠB、C）和主茎上的分枝（茎生分枝）（图❺-❾ⅠD、E）都被单花取代，茎生叶向腹卷曲包裹住花梗（图❺-❾ⅠE、F），部分小花的花瓣数量增加（图❺-❾ⅠG），茎生分枝的节间极度缩短成对生或轮生（图❺-❾ⅠH、I）。与35S::*PmLFY1*的拟南芥表型相比，35S::*PmLFY2*转基因拟南芥表型同样表现为部分茎生叶向腹卷曲（图❺-❾ⅡG），花瓣数量增加（图❺-❾ⅡI）。但在基生分枝和茎生分枝的表型上又出现了如下几种表型：①没有基生分枝，茎生分枝上的侧枝全部转变为单一的花（图❺-❾ⅡB、D）；②没有基生分枝，茎生分枝正常，但在茎生叶与茎生分枝之间长出一单花（图❺-❾ⅡH）；③有基生分枝，基生分枝的顶端花序变为有限花序，顶端形成数量不定的末端花（Terminal flower，简称TF）（图❺-❾ⅡE、F），且茎生分枝全部转变为单花（图❺-❾ⅡC）。

为了确定*PmLFYs*基因如何影响拟南芥开花，在转*PmLFYs*拟南芥种子萌发后的第6、12、16d连续取拟南芥的地上部分，利用qRT-PCR技术检测了拟南芥内源基因*AP1*、*APETALA3*（*AP3*）、*PISTILLATA*（*PI*）、*AGAMOUS*（*AG*）的表达情况。结果表明，与野生型拟南芥相比，异源过表达*PmLFYs*基因导致拟南芥4个内源花器官发育基因（*AP1*、*AP3*、*PI*、*AG*）的表达量均显著上升（图❺-❿），说明*PmLFYs*基因可能通过促进拟南芥内源花器官发育基因*AP1*、*AP3*、*PI*、*AG*的表达促进拟南芥成花转变。

表5-4 转*PmLFYs*基因拟南芥的开花表型

基因型	株系	开花时莲座叶数量		从播种至开花所需天数	
		长日照 LD	短日照 SD	长日照 LD	短日照 SD
Wild-type	Col-0	13.5 ± 0.6a	30.8 ± 1.0a	37.3 ± 1.2a	85.0 ± 1.2a
35S::*PmLFY1*	#10	8.3 ± 0.8c	13.0 ± 0.7e	24.8 ± 0.5f	69.8 ± 1.2f
	#18	10.3 ± 0.9b	14.5 ± 0.5de	30.3 ± 0.6cd	73.3 ± 1.2ef
	#21	8.8 ± 0.6c	15.8 ± 0.9cde	28.0 ± 1.1de	74.8 ± 0.5de
	#26	10.8 ± 0.6b	16.3 ± 0.8cd	27.0 ± 0.4e	72.5 ± 1.0ef
	#29	10.0 ± 0.4b	15.8 ± 0.9cde	26.8 ± 1.3ef	74.3 ± 1.7def
	#30	9.8 ± 0.8b	13.3 ± 1.1e	24.3 ± 0.9f	69.3 ± 1.3f
35S::*PmLFY2*	#1	11.3 ± 0.3b	17.5 ± 0.6c	29.0 ± 1.1c	74.0 ± 1.0de
	#5	9.8 ± 1.1b	19.8 ± 1.1bc	31.8 ± 0.9bc	79.8 ± 0.9c
	#15	11.0 ± 0.4b	21.3 ± 1.1b	32.5 ± 0.5bc	77.0 ± 0.9cd
	#24	12.3 ± 1.3ab	20.0 ± 1.8bc	33.0 ± 0.7b	78.8 ± 0.8c
	#25	10.0 ± 1.2b	19.8 ± 0.5bc	32.5 ± 0.9bc	81.0 ± 0.9b
	#30	8.6 ± 0.9c	19.0 ± 1.2bc	25.0 ± 0.9ef	77.8 ± 1.1c

注：表中数据为开花所需天数和莲座叶数量的平均值 ± 标准差；同一列的不同小写字母为 $p<0.05$ 的显著性差异。Col-0：野生型拟南芥哥伦比亚 Columbia-0。

图5-9

转*PmLFYs*基因拟南芥表型

ⅠA-ⅠI—转*PmLFY1*拟南芥表型
ⅡA-ⅡI—转*PmLFY2*拟南芥表型
ⅢA-ⅢH—野生型拟南芥表型

ⅠA，ⅡA：长日照条件下与野生型拟南芥（ⅢA）相比，播种35d时35S::*PmLFY1*和35S::*PmLFY2*的开花表型；
ⅠB-ⅠC：35S::*PmLFY1*基生分枝转变为单花；
ⅠD-ⅠE：35S::*PmLFY1*茎生分枝转变为单花；
ⅡB-ⅡD：35S::*PmLFY2*茎生分枝及其侧枝转变为单花；

wild type (Ⅲ)

ⅢB-ⅢC：野生型拟南芥的正常茎生分枝；
ⅠF，ⅡG：35S::*PmLFY1*茎生叶向腹卷曲包裹住花梗；
ⅡE-ⅡF：35S::*PmLFY2* Terminal flower的不同形态；
ⅢD：野生型拟南芥的正常花序；
ⅠG，ⅡI：35S::*PmLFY1*和35S::*PmLFY2*的花瓣数量增加；
ⅢE-ⅢF：野生型拟南芥的正常花瓣；
ⅠH-ⅠI：35S::*PmLFY1*茎生分枝由互生变为对生或轮生；
ⅢG：野生型拟南芥的正常茎生分枝；
ⅢH：野生型拟南芥的正常基生分枝；
ⅡH：35S::*PmLFY2*茎生叶与茎生分枝之间长出单花

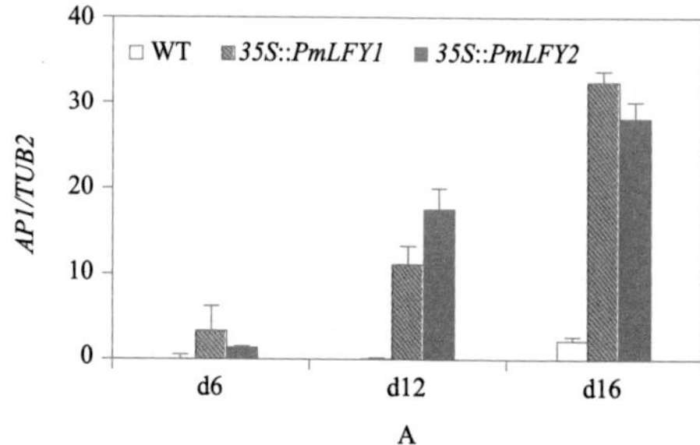

A

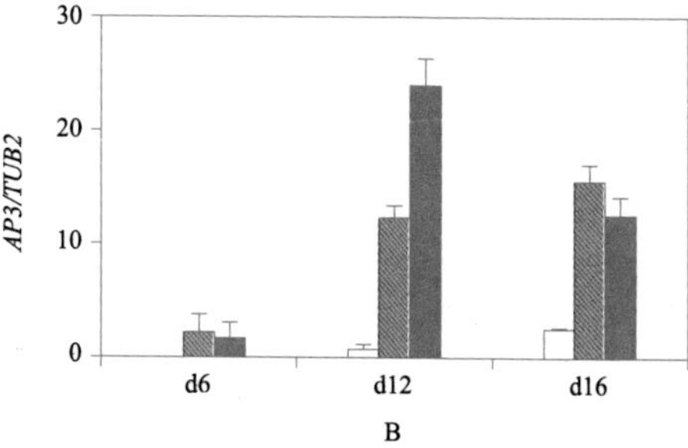

B

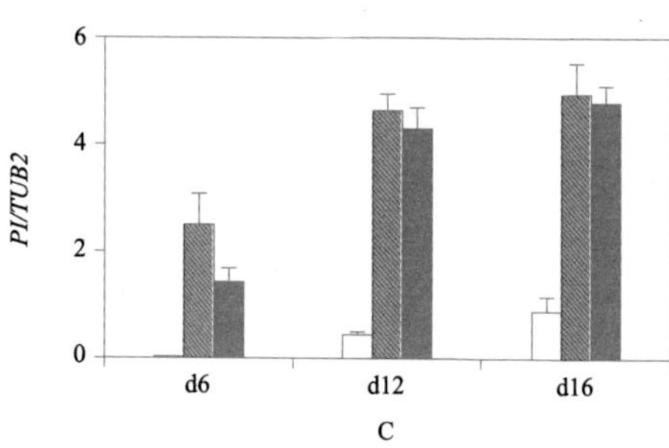

C

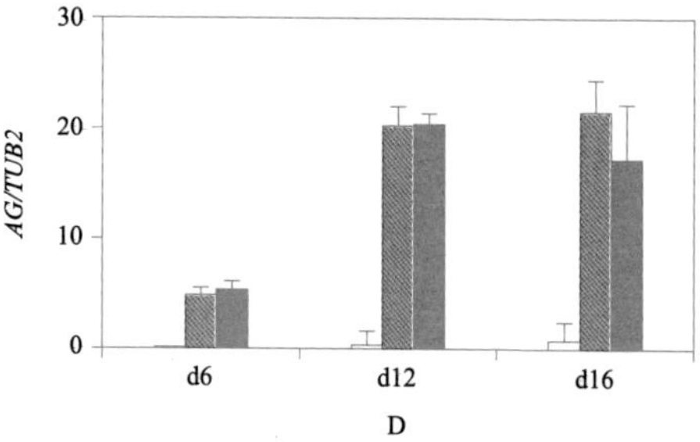

D

图5-10

*PmLFYs*转化拟南芥植株在播种后6、12、16d基因表达qRT-PCR分析

以拟南芥*TUB2*为内参基因。误差线代表标准误。
A—*AP1*基因表达情况
B—*AP3*基因表达情况
C—*PI*基因表达情况
D—*AG*基因表达情况

5.4 讨论

5.4.1 梅花*PmSOC1s*基因的功能

在拟南芥成花转变过程中*SOC1*是最早在分生组织中出现表达量上调的基因，而这种表达有效地促进了早花。目前在其他物种中鉴定到的*SOC1*同源基因在拟南芥中的过表达也都一致地表现出了早花表型。如菊花（*Chrysanthemum* × *morifolium*）中的*ClSOC1-1*和*ClSOC1-2*、葡萄（*Vitis vinifera*）中的*VvMADS8*（Sreekantan and Thomas, 2006）、桉树（*Eustoma grandifloramin*）中的*EgSOC1*（Nakano et al., 2011）、柑橘（*Citrus reticulata*）中的*CsSL1*（Tan and Swain, 2007）在拟南芥中的过表达都能够使拟南芥提前开花。大豆（*Glycine max*）中*GmGAL1*和兰花（*ymbidium* ssp.）中的*DOSOC1*的过表达不但能够使野生型拟南芥的开花时间提前，而且还能够互补*SOC1*突变体的部分晚花表型（Ding et al., 2013; Zhong et al., 2012）。在本研究中，转*PmSOC1s*基因拟南芥无论在长日照还是短日照条件下，都表现出早花，暗示着*SOC1*/*TM3*家族基因在促进开花方面具有保守性。证明了*SOC1*基因在各个物种中功能的保守性。

*SOC1*基因除了具有促进开花的功能，在很多物种中还表现出影响花发育的功能。拟南芥中*AtSOC1*的过表达会产生绿色的花萼状花瓣和长度伸长的雌蕊（Borner et al., 2000）。非洲菊中*GhSOC1*的过表达没有促进植物开花，但是却导致了花瓣颜色和形状的改变（Ruokolainen et al., 2011）。矮牵牛*PhUNS*基因在拟南芥中的过表达导致花器官中出现了本应是叶片和茎中生长的表皮毛，并致使花瓣转变为类似叶片的结构（Ferrario et al., 2004）。在石斛兰（*Dendrobium nobile*）

中，*SOC1*的同源基因*DOSOC1*的过表达影响了花器官的正常发育，造成了顶端花芽只能发育出不健全的初始花被（Ding et al., 2013）。同样的，本研究中*PmSOC1-1*和*PmSOC1-2*在拟南芥中的过表达导致拟南芥花器官出现了花瓣细丝状、花萼叶片状等表型（图❺-❺）。其中*PmSOC1-1*的过表达还产生了绿色的花瓣和长度伸长的雌蕊（图❺-❺ Ⅰc, Ⅰi），这与*AtSOC1*过表达产生的表型一致。而*PmSOC1-2*的过表达则表现出花序顶端出现2–3朵花合生（TF）的表型。以上结果表明，*PmSOC1s*基因与拟南芥中*SOC1*基因一样，不但能够促进开花，还具有影响花器官发育的功能。此外，值得注意的是，本研究中*PmSOC1-2*的过表达能够使拟南芥的茎生分枝角度发生改变，从而改变了拟南芥植株的形态建成，这种表型在已报道的其他物种*SOC1*过表达的表型中尚属首例（图❺-❺ Ⅱg）。这一表型暗示梅花中*PmSOC1s*基因的过表达可能影响了拟南芥控制分枝角度相关基因的表达从而导致侧枝向水平方向生长，也证明*SOC1*基因的功能在不同物种中既存在保守性，又有差异性。如要进一步研究转基因拟南芥分枝角度增大的分子机制，可能还需要通过实时荧光定量PCR的方法检测与拟南芥分枝角度有关基因的表达是否发生改变。

前人研究表明，*SOC1*基因主要是通过上调其下游花分生组织特性基因来促进植物开花。如在成花转变过程中，*SOC1*与*AGL24*之间能够形成异质二聚体激活*LFY*基因的表达，从而促进开花（Lee et al., 2008b）。类似的作用机理也出现在*FUL*和*SOC1*之间，有研究发现，*FUL*和*SOC1*能够在细胞核中形成二聚体，并且二者通过绑定到*LFY*启动子的相同区域发挥作用。因此*SOC1*、*AGL24*和*FUL*之间可以形成冗余二聚体，或更高阶的分子复合物，以确保通过启动*LFY*基因来激活其他花分生组织基因（Balanzà et al., 2014）。菊花中的*ClSOC1*和石斛兰中的*DOSOC1*在拟南芥中的过表达能够上调*AGL24*和*LFY*等开花促进因子的表达（Ding et al., 2013; Fu et al., 2014）。本研究中，利用qRT-PCR技术检测转基因拟南芥中*SOC1*下游基因*LFY*、*AP1*、*AGL24*和*FUL*的结果显示，与野生型相比，*PmSOC1s*的引入使*LFY*、*AP1*、

*AGL24*和*FUL*的表达量在不同阶段都有不同程度的提高（图❺-❻）。其中*AGL24*和*FUL*的表达趋势相似，均呈现逐步上升趋势（从种子萌发后的第6天到第12天），暗示*SOC1*与*AGL24*和*FUL*之间可能形成了二聚体来激活*LFY*基因表达从而促进开花（图❺-❻C，D）。这从转基因拟南芥中*LFY*的表达水平中可以得到验证（图❺-❻A）。另外，在拟南芥中，*FUL*基因具有调节果实的发育和伸长的功能，本研究中转*PmSOC1-1*和*PmSOC1-2*拟南芥中雌蕊均有所伸长，可能与激活*FUL*表达有关。提前开花最显著、表型出现TF的转*PmSOC1-2*株系，其*LFY*和*AP1*的表达量最高，说明*PmSOC1-2*基因可能通过与*AGL24*和*FUL*作用有效地激活了*LFY*基因的表达，从而促进花序分生组织转变为花分生组织。然而需要更多的证据来验证这一假设。

5.4.2　梅花*PmSVPs*基因的功能

对拟南芥的研究表明，*SVP*对开花起负调节作用，因此被认为是开花抑制因子。目前在其他物种中分离到的*SVP*同源基因在拟南芥中过表达也都表现出晚花表型。如枳中的*PtSVP*（Li et al., 2010）、巨桉中的*EgrSVP*（Brill and Watson, 2004）、猕猴桃中的*SVP1*和*SVP3*（Wu et al., 2012）和油菜中的*BcSVP*（Lee et al., 2007a）在拟南芥中的过表达都能够使拟南芥延迟开花。除了具有延迟开花的功能，*SVP*基因在很多物种中还表现出影响花器官发育的功能。拟南芥中*AtSVP*的过表达会产生淡绿色的花瓣及体积增大的花萼（Fekih et al., 2009）。巨桉*EgrSVP*基因在拟南芥中的过表达导致了花序分枝数量的增多和花器官叶片化（Brill and Watson, 2004）。将枳的*PtSVP*基因转入野生型拟南芥后，转基因植株出现了表皮毛数量增多、心皮瓣化的表型（Li et al., 2010）。猕猴桃中4个*SVP*-like基因在拟南芥中的过表达同样导致了花序和花结构的异常（Wu et al., 2012）。

本研究中，将梅花*PmSVP1*基因在野生型拟南芥中过表达同样表现出延迟开花的表型，表明*SVP*-like基因作为开花抑制因子的功能在不同植物中是保守的。此外，*PmSVP1*基因的过表达还出现了宿存的叶片状花萼、心皮伸长和表皮毛增多等表型。而表皮毛增多被认为是拟南芥处于童期阶段的象征（Telfer et al., 1997）。因此，根据延迟开花和在拟南芥成年阶段诱导产生童期特征的表型，推测梅花中*PmSVP1*基因与拟南芥中*AtSVP*基因功能相似，都具有抑制植物成花转变、维持植物营养生长的功能。

在拟南芥中过表达另一个梅花*SVP*基因（*PmSVP2*）并没有改变转基因株系的花期，这与猕猴桃中的*SVP4*（Wu et al., 2012）、水仙中的*NSVP1*和*NSVP2*（Li et al., 2015; 李小方等, 2014）和水稻中的*OsMADS22*表型相似（Lee et al., 2012）。但是，在野生型拟南芥中异源表达*PmSVP2*导致了花序分枝的增多。越来越多的研究表明，很多*StMADS11*亚家族成员都参与影响花序形态建成（Liu et al., 2008; Liu et al., 2013）。在拟南芥中，由于四突变体*socl-2 ag124-3svp-41 sep4-1*对*TFLI*的解抑制导致多级花序枝的出现（Liu et al., 2013），而且过量表达*StMADS11*-like基因也常常会引起花序分枝增多。如过表达水仙*NSVP1*和*NSVP2*基因的*svp*拟南芥突变体的花序数目明显增加，且导致出现多级花序（Li et al., 2015; 李小方等, 2014）。因此，*SVP*-like基因还具有促进花序分枝特性的功能（Liu et al., 2013; Liu et al., 2007; Yu et al., 2004）。以上结果说明，不同植物中的*SVP*基因或同种植物不同*SVP*类基因的作用不同，说明*SVP*基因既有保守性又有多样性。

近期研究结果表明，在拟南芥35S::*SVP1*植株中，*FT*、*TSF*和*SOC1*的表达量降低，但在*svp-41*突变体中明显提高，说明*SVP*基因对*FT*、*TSF*和*SOC1*有抑制作用（Jang et al., 2009; Lee et al., 2007b）。大白菜*BcSVP*基因以及水稻*OsMADS55*基因在拟南芥中过表达也都会导致*FT*和*SOC1*基因表达水平的大幅下降。本研究中，35S::*PmSVP1*转基因株系中*FT*和*SOC1*基因的表达水平也同样出现了显著下降的趋势，表明在拟南芥中异源表达*PmSVP1*能够抑制*FT*和*SOC1*基因的表达，从而延迟植物开花。然而，随着35S::*SVP1*转基因拟南芥的生长发育，另一个对成花有抑制作用的*FLC*基因表达水平与对照相比并未发生明显变化，这表明*PmSVP1*的过表达并没有引起转基因拟南芥中MADS-box相关基因（*SVP*和*FLC*）间的互作。此外，在拟南芥中过表达*PmSVP1*导致了具有明显营养生长特征的叶片状花萼，说明转基因株系中的花分生组织基因的表达可能受到了影响。由于*AP1*在花萼和花瓣的分化中具有重要作用（Irish and Sussex, 1990; Weigel and Meyerowitz, 1994），笔者对35S::*PmSVP1*转基因株系中的*AP1*表达水平也进行了检测。结果表明，转*PmSVP1*株系中*AP1*的表达水平与野生型拟南芥相比没有明显区别，说明植物开花是一个复杂的调控系统，可能涉及多个调控途径和影响因子。相比之下，在35S::*PmSVP2*转基因株系中，*FLC*、*FT*、*SOC1*和*AP1*的表达水平与野生型拟南芥相比均未发生变化，这与35S::*PmSVP2*没能延迟拟南芥开花的表型相一致。这种过表达*PmSVP1*和*PmSVP2*引起拟南芥内源开花基因的不同表达模式说明，*PmSVP1*和*PmSVP2*在梅花成花中具有不同的功能，这在35S::*PmSVP1*和35S::*PmSVP2*的转基因表型中也得到了验证。

5.4.3 梅花*PmLFYs*基因的功能

*LFY*是植物花分生组织特征基因之一，其功能主要是在花发育过程中参与花分生组织的形成，维持花分生组织的正常功能（Shannon and Meekswagner, 1993），并在花形成中发挥接连许多成花诱导途径的输出信号（Nilsson et al., 1998）和激活花器官决定基因（A、B、C类基因）表达的关键作用。在对拟南芥的研究中发现，*LFY*基因的过表达除了能够使拟南芥的花期大大提前，还可以使拟南芥所有的侧枝转变成单一的花，且在极端的情况下，在莲座叶之后马上就形成顶花，以上说明*LFY*的过量表达促进了花分生组织的形成（Nilsson et al., 1998）。本研究中，将梅花*PmLFYs*基因在野生型拟南芥中过表达也表现出提前开花和侧枝被单花取代的表型，说明*PmLFYs*基因在提前开花和将花序分生组织转变为花分生组织方面的功能与拟南芥*LFY*相似。而将其他植物如苹果、月季、陆地棉、辐射松、甘菊、桉树

等的*LFY*类基因导入野生型拟南芥后，也出现了提前开花和侧枝转变为单花的表型（Lian et al., 2016），这说明*LFY*基因提前开花和决定花分生组织特性的功能在不同植物中是相当保守的，这种功能上的保守性也是其结构保守性的体现。此外，在过表达*LFY*植株的花序中，主花序一般都能发育成型，单生花一般在主花序的基部形成，因此推测*LFY*的作用区域可能受到限制，其作用区域有可能被限制在整个分生组织的外围。

拟南芥基因组中只有一个*LFY*基因，而梅花基因组中有*PmLFY1*和*PmLFY2*两个基因。这2个基因在拟南芥中的过表达都能使转基因植株提前开花，但在侧枝转变为单花中表现出不同的表型。在35S::*PmLFY1*转基因拟南芥中，所有侧枝（包括基生分枝和茎生分枝）均转变为单花，这种表型与拟南芥中过表达*LFY*的表型一致。而在35S::*PmLFY2*转基因拟南芥中则出现了以下表型：35S::*PmLFY2*一般具有正常的一级分枝，所有单花均由二级分枝（即基生分枝和茎生分枝的侧枝）转变而来，且部分二级分枝的花序顶端出现TF的表型。总结这些表型特点发现：过表达*PmLFY2*拟南芥的表型中既能够形成单生花又有侧枝产生。以上结果说明，虽然*PmLFY2*也具备促进花序分生组织向花分生组织转变的能力，但是不足以诱导所有的分生组织向花转变，而是部分形成了侧枝，进一步说明*PmLFY2*的效果要弱于*PmLFY1*。

除以上表型外，35S::*PmLFY1*和35S::*PmLFY2*转基因拟南芥中还出现茎生叶向腹卷曲以及花瓣数量增加的表型。与此类似，过表达苹果*AFL1*和*AFL2*基因的野生型拟南芥也出现了茎生叶卷曲以及花瓣数量增加的表型（Wada et al., 2002）。此外，在拟南芥中*LFY*除了诱导花器官同源异型基因表达外，还能控制一些未知功能的基因表达，这些基因可能与轮生叶序及节间伸长相关（Schmid et al., 2003; William et al., 2004）。35S::*PmLFY1*转基因拟南芥中也出现了节间缩短成对生或轮生叶序的现象，这与在苹果中异源表达*LFY*及拟南芥中异源表达

*DFL*的结果一致（Flachowsky et al., 2010; 王翊, 2013）。这说明梅花中*LFY*基因不仅参与植物的花分化，还存在其他一些功能。

对拟南芥的研究表明，*LFY*基因表达后，*AP1*的mRNA才开始积累，功能上存在部分冗余的二者间具有加性效应，能相互促进表达（Liljegren et al., 1999）。除此之外，在花分生组织形成后，*LFY*还能继续促进花器官特征决定基因*AP3*、*PI*、*AG*的表达（Busch et al., 1993）。甘菊*DFL*基因在拟南芥中异源表达也能够激活*AP1*、*AP3*、*AG*和*FT*表达（王翊, 2013）；大岩桐中过表达*CFL*能够上调内源*SsAP1*、*SsAP3*和*SsAG*表达，并促进成花（Zhang et al., 2008）。本研究在检测*PmLFYs*转基因拟南芥内源花器官发育基因的表达模式中发现，*PmLFY1*和*PmLFY2*异源表达也可以激活*AP1*、*AP3*、*PI*、*AG*表达。这与拟南芥的研究结果相一致。以上结果表明，*PmLFYs*基因在成花中的作用并不局限于调控花期和成花转变，而是在花序和花发育的各个阶段都发挥作用。

本章采用拟南芥浸花法将梅花3个*PmSOC1s*、2个*PmSVPs*和2个*PmLFYs*基因转入野生型拟南芥中，研究这7个基因在成花转变和花发育中的功能。3个*PmSOC1s*基因都具有使野生型拟南芥提前开花的作用，其中，*PmSOC1-2*作用最强，*PmSOC1-1*居中，而*PmSOC1-3*作用最弱。此外，*PmSOC1-1*和*PmSOC1-2*还导致了花器官形态的改变，说明它们可能具有影响花器官发育的功能。*PmSOC1-2*还可促使拟南芥分枝角度增大，进而改变植株形态，其分枝角度增大的分子机制需进一步验证。对转基因拟南芥内源成花基因的qRT-PCR检测说明，*PmSOC1s*基因主要是通过上调其下游花分生组织特性基因来促进植物开花。梅花的2个*PmSVPs*基因功能发生了明显分化。*PmSVP1*除具有使野生型拟南芥延迟开花功能外，还诱导成年拟南芥出现童期特征，说明*PmSVP1*能够维持植物营养生长，从而抑制成花转变。*PmSVP2*虽然不能延迟拟南芥开花，但具有促进花序分枝特性的功能。在拟南芥35S::*PmSVP1*植株中，*FT*和*SOC1*的表达量降低，说明

*PmSVP1*基因可能通过下调*FT*和*SOC1*抑制开花。转梅花2个*PmLFYs*基因在野生型拟南芥中过表达都表现出提前开花和侧枝被单花取代的表型，表明梅花中*PmLFYs*基因具备促进花序分生组织向花分生组织转变的能力，但*PmLFY2*效果要弱于*PmLFY1*。此外，35S::*PmLFY1*转基因拟南芥的节间缩短，表明*PmLFY1*基因不仅参与植物的花分化，可能还具有其他功能。*PmLFY1*和*PmLFY2*在拟南芥中异源表达激活了花器官决定基因*AP1*、*AP3*、*PI*、*AG*的表达，推测*PmLFYs*基因在成花中的作用并不局限于调控花期和成花转变，而是在花序和花发育的各个阶段都发挥作用。

6

结论与展望

Chapter Six

6.1 结论

“墙角数枝梅，凌寒独自开”，梅花作为我国的传统名花，具有很高的观赏价值和食用价值（梅果），有着丰富的精神象征和文化内涵。花期既是梅花的重要观赏性状，也是栽培性状。研究梅花花期的分子调控机制，对延长梅花观赏期具有重要作用。而成花转变作为植物开花的第一步，是植物从营养生长向生殖生长转变的重要转折点。前人研究表明，*SOC1*、*SVP*、*LFY*等开花整合子基因在植物成花转变过程中具有重要的调控作用，基于此，本研究以成花相关基因为研究对象，全面鉴定梅花基因组中的*SOC1*、*SVP*、*LFY*等控制成花诱导的基因，并通过生物信息分析、基因表达分析、蛋白互作分析、转基因功能验证等方法明确了这些成花诱导基因的功能。

梅花基因组中有3个*SOC1*同源基因分别命名为*PmSOC1-1*、*PmSOC1-2*和*PmSOC1-3*；2个*SVP*同源基因，分别命名为*PmSVP1*和*PmSVP2*；以及2个*LFY*同源基因，分别命名为*PmLFY1*和*PmLFY2*。系统进化分析表明，*PmSOC1s*基因与*PmSVPs*基因分别属于MADS-box家族中*SOC1/TM3*亚家族和*STMADS11*亚家族；2个*PmLFYs*基因与其他木本植物同源基因的同源性很高，说明*PmLFYs*作为成花基因在进化上具有较高的保守性。但是与*LFY*基因在大多数二倍体物种中以单拷贝形式存在不同，梅花中存在2个*LFY*同源基因，说明*LFY*基因在梅花中经历了物种特异的进化过程。

根据基因的表达模式，成花相关基因*PmSOC1s*和*PmSVPs*主要在梅花成年树的叶芽、花芽、茎和叶片等营养器官中表达，在花、果实和种子等生殖器官中几乎不表达，这与拟南芥等物种中的同源基因表达模式相似，说明这两类基因在不同物种中的表达模式具有一定的保守性。*PmLFY1*在雌蕊和种子中强烈表达，在营养器官叶芽、花芽、幼叶中也有表达，但表达量很低。推测可能参与梅花雌蕊中的胚珠和种子的发育。这与其他物种中的同源基因表达模式不同，说明虽然不同物种的*LFY*同源基因序列相对保守，其表达模式却存在明显差别。与在梅花成年树中的表达模式不同，*PmSOC1-2*和*PmLFY1*基因在梅花处于童期的幼苗中均不表达，推测这可能是梅花童期不具备开花能力的原因之一。*PmSOC1s*和*PmSVPs*在梅花花芽分化过程中总体呈下调表达的趋势，表明他们可能在梅花成花转变中具有重要作用。*PmLFY1*在梅花花芽形态分化后期的表达量高于分化初期的表达模式，表明其可能在花原基形成后的花瓣等花器官分化中发挥调节作用。

蛋白互作分析表明，3个PmSOC1s基因间没有相互作用，自身也不能形成同源二聚体。PmSOC1-1和PmSOC1-2的互作模式相似，都能与PmSVP1和PmAP1发生较强的相互作用，PmSOC1-3与所有检测的蛋白均不发生互作。2个PmSVPs基因自身同样不存在相互作用，但PmSVP1和PmSVP2间存在很强的相互作用。PmSVP1可以与除PmSOC1-3之外的其他基因互作；PmSVP2只与PmSVP1存在相互作用。PmAP1除自身存在很强的相互作用外，还与PmSOC1-1、PmSOC1-2和PmSVP1发生相互作用。通过对基因表达模式和蛋白互作模式的综合分析，推测PmSVP1可能通过在梅花营养器官或即将分化的花芽中与PmSOC1-1和PmSOC1-2发生互作，抑制植物成花转变。PmSOC1-1、PmSOC1-2和PmSVP1基因与PmAP1的互作可能发生在梅花即将分化或正在分化的花芽中。

将梅花3个*PmSOC1*s、2个*PmSVP*s和2个*PmLFY*s基因分别转入野生型拟南芥发现，3个*PmSOC1*s基因主要通过上调其下游花分生组织特性基因来促进植物开花。除提前花期功能外，*PmSOC1-1*和*PmSOC1-2*还具有影响花器官发育的功能。此外，*PmSOC1-2*还通过增大拟南芥分枝角度改变植株形态，其分枝角度增大的分子机制需进一步验证。梅花2个*PmSVPs*基因功能发生了明显分化。*PmSVP1*可能通过下调*FT*和*SOC1*表达延迟开花，同时，*PmSVP1*还诱导成年拟南芥出现童期的形态特征，说明*PmSVP1*具有维持植物营养生长抑制成花转变的功能。*PmSVP2*不具备延迟开花功能，但能够促进花序分枝。2个*PmLFYs*基因均具备提前开花和促进花序分生组织向花分生组织转变的能力，但*PmLFY2*效果要弱于*PmLFY1*。此外，转*PmLFY1*基因拟南芥的节间缩短，表明*PmLFY1*基因不仅参与植物的花分化，可能还具有其他功能。*PmLFY1*和*PmLFY2*在拟南芥中异源表达激活了花器官发育相关基因*AP1*、*AP3*、*PI*、*AG*的表达，结合这2个基因的表达模式分析，推测*PmLFYs*基因在成花中的作用不仅限于调控花期和成花转变，而是在花序和花发育的各个阶段都发挥作用。

6.2 展望

开花是高等植物由营养生长向生殖生长转变的一个重要阶段，这一阶段由复杂的基因网络调控。与拟南芥等一、二年生草本植物相比，梅花的成花机理具有特殊性，对梅花等多年生木本植物的品种改良而言，如何促进植物成花转变是一个具有现实意义的课题。研究梅花的成花机理，需要在以下几个方面进一步研究。

（1）本研究通过对7个梅花成花相关基因的克隆和功能鉴定，表明梅花中*SOC1*、*SVP*和*LFY*基因在梅花成花转变中具有重要作用。研究显示，在MIKC型MADS-box基因蛋白的4个结构域（M、I、K和C域）中，M域最为保守，可以绑定到基因DNA序列的CArG-box上，从而实现基因转录调控。尽管本研究发现梅花*SVP*与*SOC1*基因之间存在相互作用，但是*SVP*是锚定到*SOC1*启动子的非典型CArG-box还是其他顺式元件还不清楚。为揭示这一作用机制，下一步应深入分析梅花成花相关基因的启动子序列，进一步研究*SOC1*、*SVP*与其他开花相关基因、蛋白的作用关系，为进一步揭示梅花成花转变中*SVP*和*SOC1*的转录调节提供理论依据。

（2）本研究中，梅花成花相关基因转化拟南芥都表现出花期改变的表型，然而这些基因对梅花开花时间的作用尚不明确。因此，如果可以构建梅花遗传转化体系，则能够开展梅花同源转基因试验，构建梅花超表达的植株，进行成花转变研究。

（3）除了本研究克隆和分析的*SOC1*、*SVP*和*LFY*基因外，其他成花相关基因如*FT*、*TFL1*、*CO*也在控制成花转变方面发挥重要作用。因此，后续研究可以对这些基因进行功能分析，研究这些成花基因蛋白的互作网络，以进一步了解梅花成花转变的分子调控机理，最终提出梅花成花过程的分子调控网络。

参考文献

REFERENCE

[1] 曹秋芬，和田雅人，孟玉平，等．苹果 *LEAFY* 同源基因的 cDNA 克隆与表达分析 [J]. 园艺学报．2003, 30: 267-271.

[2] 陈俊愉．中国花卉品种分类学 [M]. 中国林业出版社，2001.

[3] 付德山，朱珠，崔丽婷，等．水曲柳 *SOC1* 基因表达载体的构建及生物信息学分析 [J]. 西南林业大学学报，2015: 6-13.

[4] 官磊 . 龙眼 *LEAFY* 基因克隆与功能研究 [D]. 福建农林大学，2008.

[5] 郭长禄，陈力耕，何新华，等．银杏 *LEAFY* 同源基因的时空表达 [J]. 遗传，2005, 27: 241-244.

[6] 韩兴杰，徐玲玲，廖亮，等．茶树 *LEAFY* 基因的克隆和表达分析 [J]. 园艺学报，2015, 42: 1606-1616.

[7] 侯传明．山核桃 MADS 转录因子的 *H2Y* 分析和活性组织表达水平检测 [D]. 浙江农林大学，2014.

[8] 侯计华．梅 *AGAMOUS*（*AG*）基因的克隆与表达分析 [D]. 南京农业大学，2009.

[9] 江波．梅花花期调控机理初步研究 [D]. 浙江农林大学，2014.

[10] 李小方，李瑞，张雪平，等．中国水仙中 SVP 类似基因 *NSVP2* 可促进拟南芥的花序分枝 [J]. 植物生理学报，2014: 1833-1839.

[11] 林雁．梅花的花期调控 [J]. 中国园林，2005, 21: 44-46.

[12] 刘传娇，王顺利，薛璟祺，等．牡丹开花调控转录因子基因 *PrSOC1* 的克隆与表达分析 [J]. 园艺学报，2014, 41: 2259-2267.

[13] 刘菲菲，李慧玉，王姗，等．白桦 *BpSOC1* 基因的克隆及时序表达分析 [J]. 东北林业大学学报，2011, 39: 1-4.

[14] 刘月学，邹冬梅，李贺，等．草莓 *LFY* 同源基因的克隆及其表达分析 [J]. 园艺学报，2012, 39: 861-868.

[15] 骆江伟．梅花花器官 cDNA 文库的构建及其 *PmAP_3*、*PmPI*、*PmAG* 基因的克隆 [D]. 华中农业大学，2009.

[16] 马月萍，方晓华，申业，等．植物开花基因新资源：甘菊中花分生组织决定基因 *DFL*[J]. 分子植物育种，2004, 2: 597-599.

[17] 孟玉平，曹秋芬，孙海峰．枣树 *ZjLFY* 基因 cDNA 片段的克隆与表达分析 [J]. 果树学报，2010, 27: 719-724.

[18] 施泉，陈晓沛，林新春，等．雷竹和拟南芥 *SOC1* 多聚体差异性分析 [J]. 浙江农林大学学报，2016, 33: 183-190.

[19] 王翊．甘菊成花相关基因表达模式和功能的研究 [D]. 北京林业大学，2013.

[20] 魏丹凤．龙眼 *SVP* 基因的克隆及功能研究 [D]. 福建农林大学，2015.

[21] 魏军亚，唐杰，刘国银，等．芒果 *MSOC1* 基因的克隆与表达分析 [J]. 西北植物学报，2015, 35: 1092-1097.

[22] 徐宗大．梅花花器官发育相关 MADS-box 基因的功能分析 [D]. 北京林业大学，2015.

[23] 杨传平，刘桂丰，魏志刚．高等植物成花基因的研究 [J]. 遗传，2002, 24: 379-384.

[24] 杨堃，张朝红，李树秀，等．葡萄 *SVP* 类 MADS-box 基因的克隆及表达分析 [J]. 西北林学院学报，2012, 27: 117-123.

[25] 杨致荣，王兴春，李西明，等 . 高等植物转录因子的研究进展 [J]. 遗传，2004, 26: 403-408.

[26] 虞佩珍．梅文化与花期控制 [J]. 北京林业大学学报，2001: 84-86.

[27] Ahearn K P, Johnson H A, Weigel D, et al. *NFL1*, a *Nicotiana tabacum LEAFY*-like gene, controls meristem initiation and floral structure[J]. *Plant & Cell Physiology*, 2001, 42: 1130-1139.

[28] Allen J M. Warming experiments underpredict plant phenological responses to climate change[J]. *Nature*, 2012, 485: 494.

[29] Alvarez-Buylla E R, Pelaz S, Liljegren S J, et al. An ancestral MADS-box gene duplication occurred before the divergence of plants and animals[J]. *Proceedings of the National Academy of Sciences*, 2000, 97: 5328-5333.

[30] Amasino R. Seasonal and developmental timing of flowering[J]. *Plant Journal*, 2010, 61: 1001-1013.

[31] Andrés F, Coupland G, Talon M, et al. The genetic basis of flowering responses to seasonal cues[J]. *Nature Reviews Genetics*, 2012, 13: 627-639.

[32] Aukerman M J, Lee I, Weigel D, et al. The *Arabidopsis* flowering-time gene *LUMINIDEPENDENS* is expressed primarily in regions of cell proliferation and encodes a nuclear protein that regulates *LEAFY* expression[J]. *Plant Journal*, 1999, 18: 195–203.

[33] Aukerman M J, Sakai H. Regulation of flowering time and floral organ identity by a MicroRNA and its *APETALA2*-like target genes[J]. *Plant Cell*, 2003, 15: 2730.

[34] Balanzà V, Martínezfernández I, Ferrándiz C. Sequential action of *FRUITFULL* as a modulator of the activity of the floral regulators *SVP* and *SOC1*[J]. *Journal of Experimental Botany*, 2014, 65: 1193-1203.

[35] Balasubramanian S, Sureshkumar S, Lempe J, et al. Potent induction of *Arabidopsis thaliana* flowering by elevated growth temperature[J]. *Plos Genetics*, 2006, 2: e106.

[36] Becker A, Theißen G. The major clades of MADS-box genes and their role in the development and evolution of flowering plants[J]. *Molecular phylogenetics and evolution*, 2003, 29: 464-489.

[37] Birkenbihl R P, Jach G, Saedler H, et al. Functional dissection of the plant-specific *SBP*-Domain: overlap of the DNA-binding and nuclear localization domains[J]. *Journal of Molecular Biology*, 2005, 352: 585-596.

[38] Blümel M, Dally N, Jung C. Flowering time regulation in crops-what did we learn from *Arabidopsis*?[J]. *Current Opinion in Biotechnology*, 2014, 32C: 121-129.

[39] Blázquez M A, Green R, Nilsson O, et al. Gibberellins promote flowering of *Arabidopsis* by activating the *LEAFY* promoter[J]. *Plant Cell*, 1998, 10: 791-800.

[40] Blázquez M A, Soowal L N, Lee I, et al. *LEAFY* expression and flower initiation in *Arabidopsis*[J]. *Development*, 1997, 124: 3835-3844.

[41] Bolle C. The role of GRAS proteins in plant signal transduction and development[J]. *Planta*, 2004, 218: 683-692.

[42] Borner R, Kampmann G, Chandler J, et al. A MADS domain gene involved in the transition to flowering in *Arabidopsis*[J]. *Plant Journal*, 2000, 24: 591–599.

[43] Brill E M, Watson J M. Ectopic expression of a *Eucalyptus grandis SVP* orthologue alters the flowering time of *Arabidopsis thaliana*[J]. *Functional Plant Biology*, 2004, 31: 217-224.

[44] Burn J E, Bagnall D J, Metzger J D, et al. DNA methylation, vernalization, and the initiation of flowering[J]. *Proceedings of the National Academy of Sciences*, 1993, 90: 287-291.

[45] Busch M A, Bomblies K, Weigel D. Activation of a floral homeotic gene in *Arabidopsis*[J]. *Science*, 1993, 261: 1723-1726.

[46] Buskirk E K, Van, Decker P V, Meng C. Photobodies in light signaling[J]. *Plant Physiology*, 2012, 158: 52-60.

[47] Carmona M J, Cubas P, Martínez-Zapater J M. *VFL*, the Grapevine *FLORICAULA/LEAFY* ortholog, is expressed in

meristematic regions independently of their fate[J]. *Plant Physiology*, 2002, 130: 68.

[48] Carmona M J, Ortega N, Garcia-Maroto F. Isolation and molecular characterization of a new vegetative MADS-box gene from *Solanum tuberosum* L[J]. *Planta*, 1998, 207: 181-188.

[49] Cho H J, Kim J J, Lee J H, et al. *SHORT VEGETATIVE PHASE* (*SVP*) protein negatively regulates miR172 transcription via direct binding to the pri-miR172a promoter in *Arabidopsis*[J]. *Febs Letters*, 2012, 586: 2332-2337.

[50] Clancy M, Hannah L C. Splicing of the maize Sh1 first intron is essential for enhancement of gene expression, and a T-rich motif increases expression without affecting splicing[J]. *Plant Physiology*, 2002, 130: 918-929.

[51] Coen E S, Meyerowitz E M. The war of the whorls: genetic interactions controlling flower development[J]. *Nature*, 1991, 353: 31-37.

[52] Coen E S, Romero J M, Doyle S, et al. Floricaula: a homeotic gene required for flower development in antirrhinum majus[J]. *Cell*, 1990, 63: 1311-1322.

[53] Corbesier L, Vincent C, Jang S, et al. FT protein movement contributes to long-distance signaling in floral induction of *Arabidopsis*[J]. *Science*, 2007, 316: 1030-1033.

[54] Craufurd P Q, Wheeler T R. Climate change and the flowering time of annual crops[J]. *Journal of Experimental Botany*, 2009, 60: 2529-2539.

[55] Cseke L J, Zheng J, Podila G K. Characterization of *PTM5* in aspen trees: a MADS-box gene expressed during woody vascular development[J]. *Gene*, 2003, 318: 55.

[56] De F S, Immink R G, Kieffer M, et al. Comprehensive interaction map of the *Arabidopsis* MADS Box transcription factors[J]. *Plant Cell*, 2005, 17: 1424-1433.

[57] Decroocq V, Zhu X, Kauffman M, et al. A *TM3*-like MADS-box gene from Eucalyptus expressed in both vegetative and reproductive tissues[J]. *Gene*, 1999, 228: 155-160.

[58] Ding L, Wang Y, Yu H. Overexpression of *DOSOC1*, an ortholog of *Arabidopsis SOC1*, promotes flowering in the orchid *Dendrobium* Chao Parya Smile[J]. *Plant & Cell Physiology*, 2013, 54: 595-608.

[59] Dorca-Fornell C, Gregis V, Grandi V, et al. The *Arabidopsis SOC1* - like genes *AGL42*, *AGL71* and *AGL72* promote flowering in the shoot apical and axillary meristems[J]. *Plant Journal*, 2011, 67: 1006-1017.

[60] Dornelas, Carnieramaral M, Dorodriguez W A N, et al. *EgLFY*, the *Eucalyptus grandis* homolog of the *Arabidopsis* gene *LEAFY* is expressed in reproductive and vegetative tissues[J]. *Brazilian Journal of Plant Physiology*, 2004, 16: 105-114.

[61] Edwige M, Elske K, Marie M, et al. *LEAFY* blossoms[J]. *Trends in Plant Science*, 2010, 15: 346-352.

[62] Esumi T, Hagihara C, Kitamura Y, et al. Identification of an *FT* ortholog in Japanese apricot （*Prunus mume* Sieb. et Zucc.）[J]. *Journal of Horticultural Science & Biotechnology*, 2009: 149-154.

[63] Esumi T, Kitamura Y, Hagihara C, et al. Identification of a *TFL1* ortholog in Japanese apricot （*Prunus mume* Sieb. et Zucc.）[J]. *Scientia Horticulturae*, 2010, 125: 608-616.

[64] Fekih R, Miyata K, Yoshida R, et al. Isolation of suppressors of late flowering and abnormal flower shape phenotypes caused by overexpression of the *SHORT VEGETATIVE PHASE* gene in *Arabidopsis* thaliana[J]. *Plant Biotechnology*, 2009, 26: 217-224.

[65] Ferrario S, Busscher J, Franken J, et al. Ectopic expression of the petunia MADS box gene *UNSHAVEN* accelerates flowering and confers leaf-like characteristics to floral organs in a dominant-negative manner[J]. *The Plant cell*, 2004, 16: 1490-1505.

[66] Fitter A H, Fitter R S. Rapid changes in flowering time in British plants[J]. *Science*, 2002, 296: 1689-1691.

[67] Flachowsky H, Hättasch C, Höfer M, et al. Overexpression of *LEAFY* in apple leads to a columnar phenotype with shorter internodes[J]. *Planta*, 2010, 231: 251-263.

[68] Fornara F, Gregis V, Pelucchi N, et al. The rice *StMADS11*-like genes *OsMADS22* and *OsMADS47* cause floral reversions in *Arabidopsis* without complementing the *svp* and *agl24* mutants[J]. *Journal of Experimental Botany*, 2008, 59: 2181-2190.

[69] Fornara F, Montaigu A D, Coupland G. SnapShot: Control of Flowering in *Arabidopsis*[J]. *Cell*, 2010, 141: 1-2.

[70] Frohlich M W, Parker D S. The mostly male theory of flower evolutionary origins: from genes to fossils[J]. *Systematic Botany*, 2000, 25: 155-170.

[71] Fu J, Qi S, Yang L, et al. Characterization of *Chrysanthemum ClSOC1-1* and *ClSOC1-2*, homologous genes of *SOC1*[J]. *Plant Molecular Biology Reporter*, 2014, 32: 740-749.

[72] Fujiwara S, Mizoguchi T. Circadian Clock Proteins LHY and CCA1 Regulate SVP Protein Accumulation to Control Flowering in *Arabidopsis*[J]. *Plant Cell*, 2008, 20: 2960-2971.

[73] Fussmann G. Analysis of flowering pathway integrators in *Arabidopsis*[J]. *Plant & Cell Physiology*, 2005, 46: 292-299.

[74] Garcíamaroto F, Ortega N, Lozano R, et al. Characterization of the potato MADS-box gene STMADS16 and expression analysis in tobacco transgenic plants[J]. *Plant Molecular Biology*, 2000, 42: 499-513.

[75] Geraldo N, Bäurle I, Kidou S I, et al. *FRIGIDA* Delays Flowering in *Arabidopsis* via a Cotranscriptional Mechanism Involving Direct Interaction with the Nuclear Cap-Binding Complex[J]. *Plant Physiology*, 2009, 150: 1611-1618.

[76] Gocal G F W, King R W, Blundell C A, et al. Evolution of floral meristem identity genes. analysis of *Lolium temulentum* genes related to *APETALA1* and *LEAFY* of *Arabidopsis*[J]. *Plant Physiology*, 2001, 125: 1788-1801.

[77] Hartmann U, Höhmann S, Nettesheim K, et al. Molecular cloning of *SVP*: a negative regulator of the floral transition in *Arabidopsis*[J]. *Plant Journal*, 2000, 21: 351.

[78] Helliwell C A, Wood C C, Robertson M, et al. The *Arabidopsis* FLC protein interacts directly in vivo with *SOC1* and *FT* chromatin and is part of a high-molecular-weight protein complex[J]. *Plant Journal*, 2006, 46: 183–192.

[79] Hempel F D, Weigel D, Mandel M A, et al. Floral determination and expression of floral regulatory genes in *Arabidopsis*[J]. *Development*, 1997, 124: 3845-3853.

[80] Henschel K, Kofuji R, Hasebe M, et al. Two ancient classes of MIKC-type MADS-box genes are present in the moss Physcomitrella patens[J]. *Molecular Biology and Evolution*, 2002, 19: 801-814.

[81] Hofer, Julie, Turner, et al. *UNIFOLIATA* regulates leaf and flower morphogenesis in pea[J]. *Current Biology*, 1997, 7: 581-587.

[82] Honma T, Goto K. Complexes of MADS-box proteins are sufficient to convert leaves into floral organs[J]. *Nature*,

2001, 409: 525-529.

[83] Hornyik C, Terzi L C, Simpson G G. The spen family protein FPA controls alternative cleavage and polyadenylation of RNA[J]. *Developmental Cell*, 2010, 18: 203-213.

[84] Hou J H, Gao Z H, Zhang Z, et al. Isolation and characterization of an *AGAMOUS* homologue *PmAG* from the Japanese Apricot (*Prunus mume* Sieb. et Zucc.)[J]. *Plant Molecular Biology Reporter*, 2010, 29: 473-480.

[85] Hsu C Y, Adams J P, Kim H, et al. *FLOWERING LOCUS T* duplication coordinates reproductive and vegetative growth in perennial poplar[J]. *Proceedings of the National Academy of Sciences of the United States of America*, 2011, 108: 10756-10761.

[86] Imaizumi T, Kay S A. Photoperiodic control of flowering: not only by coincidence[J]. *Trends in Plant Science*, 2006, 11: 550-558.

[87] Immink R, Pose D, Ferrario S, et al. Characterisation of *SOC1*'s central role in flowering by the identification of its up- and downstream regulators[J]. *Plant Physiology*, 2012, 160: 433-449.

[88] Irish V F. The flowering of *Arabidopsis* flower development[J]. *Plant Journal for Cell & Molecular Biology*, 2010, 61: 1014-1028.

[89] Irish V F, Sussex I M. Function of the *apetala-1* gene during *Arabidopsis* floral development[J]. *Plant Cell*, 1990, 2: 741-753.

[90] Jang S, Torti S, Coupland G. Genetic and spatial interactions between *FT*, *TSF* and *SVP* during the early stages of floral induction in *Arabidopsis*[J]. *Plant Journal*, 2009, 60: 614-625.

[91] Jeon J-S, Lee S, Jung K-H, et al. Tissue-preferential expression of a rice α*-tubulin* gene, *OsTubA1*, mediated by the first intron[J]. *Plant Physiology*, 2000, 123: 1005-1014.

[92] Jeong Y-M, Mun J-H, Lee I, et al. Distinct roles of the first introns on the expression of *Arabidopsis* profilin gene family members[J]. *Plant Physiology*, 2006, 140: 196-209.

[93] Jiao Y, Lau O S, Deng X W. Light-regulated transcriptional networks in higher plants[J]. *Nature Reviews Genetics*, 2007, 8: 217-230.

[94] Johanson U, Dean C. Molecular analysis of *FRIGIDA*, a major determinant of natural variation in *Arabidopsis* flowering time[J]. *Science*, 2000, 290: 344-347.

[95] Jr F G G, Chen C, Machado M A, et al. Citrus genomics[J]. *Tree Genetics & Genomes*, 2012, 8: 611-626.

[96] Jung C, Müller A E. Flowering time control and applications in plant breeding[J]. *Trends in Plant Science*, 2009, 14: 563-573.

[97] Jung J H, Seo P J, Kang S K, et al. MiR172 signals are incorporated into the miR156 signaling pathway at the SPL3/4/5 genes in *Arabidopsis* developmental transitions[J]. *Plant Molecular Biology*, 2011, 76: 35-45.

[98] Kaufmann K, Melzer R, Theißen G. MIKC-type MADS-domain proteins: structural modularity, protein interactions and network evolution in land plants[J]. *Gene*, 2005, 347: 183-198.

[99] Kelly A J, Bonnlander M B, Meekswagner D R. *NFL*, the tobacco homolog of *FLORICAULA* and *LEAFY*, is transcriptionally expressed in both vegetative and floral meristems[J]. *Plant Cell*, 1995, 7: 225-234.

[100] Khan M R G, Ai X Y, Zhang J Z. Genetic regulation of flowering time in annual and perennial plants[J]. *Wiley Interdisciplinary Reviews Rna*, 2014, 5: 347–359.

[101] Kikuchi R, Sage-Ono K, Kamada H, et al. *PnMADS1*, encoding an *StMADS11*-clade protein, acts as a repressor of flowering in *Pharbitis nil*[J]. *Physiologia Plantarum*, 2008, 133: 786–793.

[102] Kim D H, Doyle M R, Sung S B, et al. Vernalization: winter and the timing of flowering in plants[J]. *Annual Review of Cell & Developmental Biology*, 2009, 25: 277-299.

[103] Kim D H, Sung S. Genetic and epigenetic mechanisms underlying vernalization[J]. *Arabidopsis Book*, 2014, 12: e0171.

[104] Kim S, Choi K, Park C, et al. *SUPPRESSOR OF FRIGIDA4*, encoding a C2H2-Type zinc finger protein, represses flowering by transcriptional activation of *Arabidopsis FLOWERING LOCUS C*[J]. *Plant Cell*, 2006, 18: 2985.

[105] Kim S H, Mizuno K, Fujimura T. Isolation of MADS-box genes from sweet potato (*Ipomoea batatas* (L.) Lam.) expressed specifically in vegetative tissues[J]. *Plant & Cell Physiology*, 2002, 43: 314-322.

[106] Kobayashi Y, Weigel D. Move on up, it's time for change--mobile signals controlling photoperiod-dependent flowering[J]. *Genes & Development*, 2007, 21: 2371-2384.

[107] Koornneef M, Alonso-Blanco C, Peeters A J, et al. Genetic control of flowering time in *Arabidopsis*[J]. *Annual Review of Plant Physiology & Plant Molecular Biology*, 1998, 49: 345-370.

[108] Kramer E M, Irish V F. Evolution of genetic mechanisms controlling petal development[J]. *Nature*, 1999, 399: 144-148.

[109] Kranz E, Lörz H, Dresselhaus T. The Maize MADS box gene *ZmMADS3* affects node number and spikelet development and is co-expressed with *ZmMADS1* during flower development, in Egg Cells, and Early Embryogenesis[J]. *Plant Physiology*, 2001, 127: 33-45.

[110] Lee H, Suh S S, Park E, et al. The *AGAMOUS-LIKE 20* MADS domain protein integrates floral inductive pathways in *Arabidopsis*[J]. *Genes & Development*, 2000, 14: 2366-2376.

[111] Lee H, Yoo S J, Lee J H, et al. Genetic framework for flowering-time regulation by ambient temperature-responsive miRNAs in *Arabidopsis*[J]. *Nucleic Acids Research*, 2010, 38: 3081.

[112] Lee J, Lee I. Regulation and function of *SOC1*, a flowering pathway integrator[J]. *Journal of Experimental Botany*, 2010, 61: 2247-2254.

[113] Lee J H, Lee J S, Ji H A. Ambient temperature signaling in plants: An emerging field in the regulation of flowering time[J]. *Journal of Plant Biology*, 2008a, 51: 321-326.

[114] Lee J, Oh M, Park H, et al. *SOC1* translocated to the nucleus by interaction with *AGL24* directly regulates *LEAFY*[J]. *Plant Journal*, 2008b, 55: 832-843.

[115] Lee J H, Park S H, Ahn J H. Functional conservation and diversification between rice *OsMADS22*/*OsMADS55* and *Arabidopsis SVP* proteins[J]. *Plant science*, 2012, 185: 97-104.

[116] Lee J H, Park S H, Lee J S, et al. A conserved role of *SHORT VEGETATIVE PHASE* （*SVP*） in controlling flowering time of Brassica plants[J]. *Biochimica et Biophysica Acta (BBA)-Gene Structure and Expression*, 2007a, 1769: 455-461.

[117] Lee J H, Yoo S J, Park S H, et al. Role of *SVP* in the control of flowering time by ambient temperature in *Arabidopsis*[J]. *Genes & Development*, 2007b, 21: 397.

[118] Lee S, Kim J, Han J J, et al. Functional analyses of the flowering time gene *OsMADS50*, the putative *SUPPRESSOR OF OVEREXPRESSION OF CO 1/ AGAMOUS*-LIKE *20* (*SOC1/AGL20*) ortholog in rice[J]. *Plant Journal*, 2004, 38: 754-764.

[119] Li-Jun A N, Tian-Hong L I. Cloning,Expression and Production of Polyclonal Antibodies of Peach *PpLFY*[J]. *Acta Horticulturae Sinica*, 2008, 35: 1573-1580.

[120] Li D, Liu C, Shen L, et al. A repressor complex governs the integration of flowering signals in *Arabidopsis*[J]. *Developmental Cell*, 2008, 15: 110-120.

[121] Li X-F, Wu W-T, Zhang X-P, et al. *Narcissus tazetta SVP*-like gene *NSVP1* affects flower development in *Arabidopsis*[J]. *Journal of Plant Physiology*, 2015, 173: 89-96.

[122] Li Z-M, Zhang J-Z, Mei L, et al. *PtSVP*, an *SVP* homolog from trifoliate orange （*Poncirus trifoliata* L. Raf.）, shows seasonal periodicity of meristem determination and affects flower development in transgenic *Arabidopsis* and tobacco plants[J]. *Plant Molecular Biology*, 2010, 74: 129-142.

[123] Lian L J, Wang F, Zhang Y M, et al. Isolation, identification and expression patterns of *RoLEAFY* in non-recurrent and recurrent flowering roses[J]. *European Journal of Horticultural Science*, 2016, 81: 122-132.

[124] Lijun A, Lei H, Shen X, et al. Identification and characterization of *PpLFL*, a homolog of *FLORICAULA/ LEAFY* in peach (*Prunus persica*)[J]. *Plant Molecular Biology Reporter*, 2012, 30: 1488-1495.

[125] Liljegren S J, Gustafsonbrown C, Pinyopich A, et al. Interactions among *APETALA1*, *LEAFY*, and *TERMINAL FLOWER1* specify meristem fate[J]. *Plant Cell*, 1999, 11: 1007.

[126] Lim M H, Kim J, Kim Y S, et al. A new *Arabidopsis* gene, *FLK*, encodes an RNA binding protein with K homology motifs and regulates flowering time via *FLOWERING LOCUS C*[J]. *Plant Cell*, 2004, 16: 731-740.

[127] Liu C, Chen H, Hong L E, et al. Direct interaction of *AGL24* and *SOC1* integrates flowering signals in *Arabidopsis*[J]. *Development*, 2008, 135: 1481-1491.

[128] Liu C, Teo Z W, Yang B, et al. A Conserved genetic pathway determines inflorescence architecture in *Arabidopsis* and rice[J]. *Developmental Cell*, 2013, 24: 612-622.

[129] Liu C, Zhou J, Bracha-Drori K, et al. Specification of *Arabidopsis* floral meristem identity by repression of flowering time genes[J]. *Development*, 2007, 134: 1901.

[130] Lohmann J U. Building beauty: the genetic control of floral patterning[J]. *Developmental Cell*, 2002, 2: 135.

[131] Ma H, Yanofsky M F, Meyerowitz E M. *AGL1-AGL6*, an *Arabidopsis* gene family with similarity to floral homeotic and transcription factor genes[J]. *Gene & Development*, 1991, 5: 484-495.

[132] Maizel A, Busch M A, Tanahashi T, et al. The floral regulator LEA*FY* evolves by substitutions in the DNA binding domain[J]. *Science*, 2005, 308: 260-263.

[133] Mao L, Begum D, Chuang H-w, et al. *JOINTLESS* is a MADS-box gene controlling tomato flower abscission zone development[J]. *Nature*, 2000, 406: 910-913.

[134] Matsuda N, Ikeda K, Kurosaka M, et al. Early flowering phenotype in transgenic pears （*Pyrus communis* L.） expressing the *CiFT* gene[J]. *Journal of the Japanese Society for Horticultural Science*, 2009, 78: 410-416.

[135] Mellerowicz E J, Horgan K, Walden A, et al. *PRFLL*-a *Pinus radiata* homologue of *FLORICAULA* and *LEAFY* is expressed in buds containing vegetative shoot and undifferentiated male cone primordia[J]. *Planta*, 1998, 206: 619-629.

[136] Melzer S, Lens F, Gennen J, et al. Flowering-time genes modulate meristem determinacy and growth form in *Arabidopsis* thaliana[J]. *Nature Genetics*, 2008, 40: 1489-1492.

[137] Michaels S D, Amasino R M. *FLOWERING LOCUS C* encodes a novel MADS domain protein that acts as a repressor of flowering[J]. *Plant Cell*, 1999, 11: 949-956.

[138] Michaels S D, Amasino R M. Loss of *FLOWERING LOCUS C* activity eliminates the late-flowering phenotype of *FRIGIDA* and autonomous pathway mutations but not responsiveness to vernalization[J]. *Plant Cell*, 2001, 13: 935-941.

[139] Michaels S D, Amasino R M. Vernalization and flowering time[J]. *Current Opinion in Biotechnology*, 2005, 16: 154-158.

[140] Michaels S D, Ditta G, † C G-B, et al. *AGL24* acts as a promoter of flowering in *Arabidopsis* and is positively regulated by vernalization[J]. *Plant Journal for Cell & Molecular Biology*, 2003, 33: 867-874.

[141] Mimida N, Kidou S I, Iwanami H, et al. Apple *FLOWERING LOCUS T* proteins interact with transcription factors implicated in cell growth and organ development[J]. *Tree Physiology*, 2011, 31: 555-566.

[142] Mockler T C, Phinney B. Regulation of flowering time in *Arabidopsis* by K homology domain proteins[J]. *Proceedings of the National Academy of Sciences*, 2004, 101: 12759-12764.

[143] Molinerorosales N, Jamilena M, Zurita S, et al. *FALSIFLORA*, the tomato orthologue of *FLORICAULA* and *LEAFY*, controls flowering time and floral meristem identity[J]. *Plant Journal*, 1999, 20: 685–693.

[144] Moon J, Suh S S, Lee H, et al. The *SOC1* MADS-box gene integrates vernalization and gibberellin signals for flowering in *Arabidopsis*[J]. *Plant Journal*, 2003, 35: 613-623.

[145] Mouradov A, Glassick T, Hamdorf B, et al. *NEEDLY*, a *Pinus radiata* ortholog of *FLORICAULA/LEAFY* genes, expressed in both reproductive and vegetative meristems[J]. *Proceedings of the National Academy of Sciences of the United States of America*, 1998, 95: 6537.

[146] Mun J-H, Lee S-Y, Yu H-J, et al. Petunia actin-depolymerizing factor is mainly accumulated in vascular tissue and its gene expression is enhanced by the first intron[J]. *Gene*, 2002, 292: 233-243.

[147] Na X, Jian B, Yao W, et al. Cloning and functional analysis of the flowering gene *GmSOC1*-like, a putative *SUPPRESSOR OF OVEREXPRESSION CO1/AGAMOUS-LIKE 20* （*SOC1/AGL20*） ortholog in soybean[J]. *Plant Cell Reports*, 2013, 32: 1219-1229.

[148] Nakamura T, Song I-J, Fukuda T, et al. Characterization of *TrcMADS1* gene of *Trillium camtschatcense* (*Trilliaceae*) reveals functional evolution of the *SOC1/TM3*-like gene family[J]. *Journal of Plant Research*, 2005, 118: 229-234.

[149] Nakano Y, Kawashima H, Kinoshita T, et al. Characterization of *FLC*, *SOC1* and *FT* homologs in *Eustoma grandiflorum*: effects of vernalization and post - vernalization conditions on flowering and gene expression[J]. *Physiologia Plantarum*, 2011, 141: 383-393.

[150] Nam J, Kim J, Lee S, et al. Type I MADS-box genes have

experienced faster birth-and-death evolution than type II MADS-box genes in angiosperms[J]. *Proceedings of the National Academy of Sciences of the United States of America*, 2004, 101: 1910-1915.

[151] Nilsson O, Lee I, Blázquez M A, et al. Flowering-time genes modulate the response to *LEAFY* activity[J]. *Genetics*, 1998, 150: 403-410.

[152] Nishikawa F, Endo T, Shimada T, et al. Increased *CiFT* abundance in the stem correlates with floral induction by low temperature in *Satsuma mandarin* (Citrus unshiu Marc.)[J]. *Journal of Experimental Botany*, 2007, 58: 3915-3927.

[153] Noh B, Noh Y S. Divergent roles of a pair of homologous jumonji/zinc-finger-class transcription factor proteins in the regulation of *Arabidopsis* flowering time[J]. *Plant Cell*, 2004, 16: 2601-2613.

[154] Papaefthimiou D, Kapazoglou A, Tsaftaris A S. Cloning and characterization of *SOC1* homologs in barley (*Hordeum vulgare*) and their expression during seed development and in response to vernalization[J]. *Physiologia Plantarum*, 2012, 146: 71-85.

[155] Parcy F. Flowering: a time for integration[J]. *International Journal of Developmental Biology*, 2005, 49: 585-593.

[156] Pelaz S, Gustafson-Brown C, Kohalmi S E, et al. *APETALA1* and *SEPALLATA3* interact to promote flower development[J]. *Plant Journal*, 2001, 26: 385-394.

[157] Petersen K, Kolmos E, Folling M, et al. Two MADS - box genes from perennial ryegrass are regulated by vernalization and involved in the floral transition[J]. *Physiologia Plantarum*, 2006, 126: 268-278.

[158] Pillitteri L J, Lovatt C J, Walling L L. Isolation and characterization of a *TERMINAL FLOWER* homolog and its correlation with juvenility in citrus[J]. *Plant Physiology*, 2004, 135: 1540.

[159] Pin P A, Nilsson O. The multifaceted roles of *FLOWERING LOCUS T* in plant development[J]. *Plant Cell & Environment*, 2012, 35: 1742–1755.

[160] Putterill J, Laurie R R. It's time to flower: the genetic control of flowering time [Review][J]. Bioessays, 2004, 26: 363–373.

[161] Putterill J, Robson F, Lee K, et al. The *CONSTANS* gene of *Arabidopsis* promotes flowering and encodes a protein showing similarities to zinc finger transcription factors[J]. *Cell*, 1995, 80: 847.

[162] Razem F A, Elkereamy A, Abrams S R, et al. The RNA-binding protein FCA is an abscisic acid receptor[J]. *Nature*, 2006, 439: 290-294.

[163] Riechmann J L, Ratcliffe O J. A genomic perspective on plant transcription factors[J]. *Current Opinion in Plant Biology*, 2000, 3: 423.

[164] Ritz C, Pipper C, Yndgaard F, et al. Modelling flowering of plants using time-to-event methods[J]. *European Journal of Agronomy*, 2010, 32: 155-161.

[165] Rottmann W H, Meilan R, Sheppard L A. Diverse effects of overexpression of *LEAFY* and *PTLF*, a poplar (*Populus*) homolog of *LEAFY/FLORICAULA*, in transgenic poplar and *Arabidopsis*[J]. *Plant Journal*, 2000, 22: 235.

[166] Ruokolainen S, Yan P N, Albert V A, et al. Over-expression of the *Gerbera hybrida At-SOC1*-like1 gene *Gh-SOC1* leads to floral organ identity deterioration[J]. *Annals of Botany*, 2011, 107: 1491-1499.

[167] Samach A, Onouchi H, Gold S E, et al. Distinct roles of *CONSTANS* target genes in reproductive development of *Arabidopsis*[J]. *Science*, 2000, 288: 1613-1616.

[168] Sasaki R, Yamane H, Ooka T, et al. Functional and expressional analyses of *PmDAM* genes associated with endodormancy in Japanese apricot[J]. *Plant Physiology*, 2011, 157: 485-497.

[169] Schmid M, Uhlenhaut N H, Godard F, et al. Dissection of floral induction pathways using global expression analysis[J]. *Development*, 2003, 130: 6001.

[170] Schmitz J, Franzen R, Ngyuen T H, et al. Cloning, mapping and expression analysis of barley MADS-box genes[J]. *Plant Molecular Biology*, 2000, 42: 899-913.

[171] Searle I, He Y, Turck F, et al. The transcription factor *FLC* confers a flowering response to vernalization by repressing meristem competence and systemic signaling in *Arabidopsis*[J]. *Genes & Development*, 2006, 20: 898-912.

[172] Sentoku N, Kato H, Kitano H, et al. *OsMADS22*, an *STMADS11*-like MADS-box gene of rice, is expressed in non-vegetative tissues and its ectopic expression induces spikelet meristem indeterminacy[J]. *Molecular Genetics and Genomics*, 2005, 273: 1-9.

[173] Seo E, Lee H, Jin J, et al. Crosstalk between cold response and flowering in *Arabidopsis* is mediated through the flowering-time gene *SOC1* and its upstream negative regulator *FLC*[J]. *Plant cell*, 2009, 21: 3185-3197.

[174] Shannon S, Meekswagner D R. Genetic interactions that regulate inflorescence development in *Arabidopsis*[J]. *Plant Cell*, 1993, 5: 639-655.

[175] Shu G, Amaral W, Hileman L C, et al. *LEAFY* and the evolution of rosette flowering in violet cress (*Jonopsidium acaule*, Brassicaceae)[J]. *American Journal of Botany*, 2000, 87: 634-641.

[176] Simpson G G. The autonomous pathway: epigenetic and post-transcriptional gene regulation in the control of *Arabidopsis* flowering time[J]. *Current Opinion in Plant Biology*, 2004, 7: 570-574.

[177] Simpson G G, Dean C. *Arabidopsis*, the Rosetta stone of flowering time?[J]. *Science*, 2002, 296: 285-289.

[178] Simpson G G, Dijkwel P P, Quesada V, et al. *FY* is an RNA 3' end-processing factor that interacts with *FCA* to control the *Arabidopsis* floral transition[J]. *Cell*, 2003, 113: 777-787.

[179] Siriwardana N S, Lamb R S. The poetry of reproduction: the role of *LEAFY* in *Arabidopsis* thaliana flower formation[J]. *International Journal of Developmental Biology*, 2012, 56: 207-221.

[180] Smaczniak C, Immink R G H, Angenent G C, et al. Developmental and evolutionary diversity of plant MADS-domain factors: insights from recent studies[J]. *Development*, 2012, 139: 3081-3098.

[181] Song G Q, Walworth A, Zhao D, et al. Constitutive expression of the K-domain of a *Vaccinium corymbosum SOC1*-like (*VcSOC1*-K) MADS-box gene is sufficient to promote flowering in tobacco[J]. *Plant Cell Reports*, 2013a, 32: 1819-1826.

[182] Song Y H, Ito S, Imaizumi T. Flowering time regulation: photoperiod- and temperature-sensing in leaves[J]. *Trends in Plant Science*, 2013b, 18: 575–583.

[183] Southerton S G, Strauss S H, Olive M R, et al. Eucalyptus has a functional equivalent of the *Arabidopsis* floral meristem identity gene *LEAFY*[J]. *Plant Molecular Biology*, 1998, 37: 897-910.

[184] Sreekantan L, Thomas M R. *VvFT* and *VvMADS8*, the grapevine homologues of the floral integrators *FT* and *SOC1*, have unique expression patterns in grapevine and hasten flowering in *Arabidopsis*[J]. *Functional Plant*

Biology, 2006, 33: 1129-1139.

[185] Srikanth A, Schmid M. Regulation of flowering time: all roads lead to Rome[J]. *Cellular & Molecular Life Sciences Cmls*, 2011, 68: 2013-2037.

[186] Sung S, Amasino R M. Vernalization in *Arabidopsis thaliana* is mediated by the PHD finger protein VIN3[J]. *Nature*, 2004, 427: 159-164.

[187] Tan F C, Swain S M. Functional characterization of *AP3*, *SOC1* and *WUS* homologues from citrus (*Citrus sinensis*) [J]. *Physiologia Plantarum*, 2007, 131: 481–495.

[188] Telfer A, Bollman K M, Poethig R S. Phase change and the regulation of trichome distribution in *Arabidopsis thaliana*[J]. *Development*, 1997, 124: 645-654.

[189] Trevaskis B, Tadege M, Hemming M N, et al. *Short vegetative phase*-like MADS-box genes inhibit floral meristem identity in barley[J]. *Plant Physiology*, 2007, 143: 225-235.

[190] Wada M, Cao Q F, Kotoda N, et al. Apple has two orthologues of *FLORICAULA/LEAFY* involved in flowering[J]. *Plant Molecular Biology*, 2002, 49: 567-577.

[191] Wang C, Tian Q, Hou Z, et al. The *Arabidopsis thaliana ATPRP39-1* gene, encoding a tetratricopeptide repeat protein with similarity to the yeast pre-mRNA processing protein PRP39, affects flowering time[J]. *Plant Cell Reports*, 2007, 26: 1357-1366.

[192] Wang J W, Czech B, Weigel D. miR156-regulated *SPL* transcription factors define an endogenous flowering pathway in *Arabidopsis thaliana*[J]. *Cell*, 2009, 138: 738-749.

[193] Wang T, Hao R, Pan H, et al. Selection of suitable reference genes for quantitative real-time polymerase chain reaction in *Prunus mume* during flowering stages and under different abiotic stress conditions[J]. *Journal of the American Society for Horticultural Science*, 2014, 139: 113-122.

[194] Wang Z J, Huang J Q, Huang Y J, et al. Cloning and Characterization of a homologue of the *FLORICAULA/LEAFY* Gene in Hickory (*Carya cathayensis* Sarg)[J]. *Plant Molecular Biology Reporter*, 2012, 30: 794-805.

[195] Watson J M, Brill E M. *Eucalyptus grandis* has at least two functional *SOC1*-like floral activator genes[J]. *Functional Plant Biology*, 2004, 31: 225-234.

[196] Weigel D, Alvarez J, Smyth D R, et al. *LEAFY* controls floral meristem identity in *Arabidopsis*[J]. *Cell*, 1992, 69: 843.

[197] Weigel D, Meyerowitz E M. The ABCs of floral homeotic genes[J]. *Cell*, 1994, 78: 203-209.

[198] Weigel D, Nilsson O. A developmental switch sufficient for flower initiation in diverse plants[J]. *Nature*, 1995, 377: 495.

[199] Wells C E, Vendramin E, Tarodo S J, et al. A genome-wide analysis of MADS-box genes in peach [*Prunus persica* (L.) Batsch][J]. *BMC plant biology*, 2015, 15: 1.

[200] Wen C K, Chang C. *Arabidopsis RGL1* encodes a negative regulator of gibberellin responses[J]. *Plant Cell*, 2002, 14: 87.

[201] Wigge P A, Kim M C, Jaeger K E, et al. Integration of spatial and temporal information during floral induction in *Arabidopsis*[J]. *Science*, 2005, 309: 1056-1059.

[202] William D A, Su Y, Smith M R, et al. Genomic identification of direct target genes of *LEAFY*[J]. *Proceedings of the National Academy of Sciences of the United States of America*, 2004, 101: 1775-1780.

[203] Wilson R N. Gibberellin Is Required for Flowering in *Arabidopsis thaliana* under Short Days[J]. *Plant Physiology*, 1992, 100: 403-408.

[204] Winterhagen P, Tiyayon P, Samach A, et al. Isolation and characterization of *FLOWERING LOCUS T* subforms and *APETALA1* of the subtropical fruit tree *Dimocarpus longan*[J]. *Plant Physiology and Biochemistry*, 2013, 71: 184-190.

[205] Wu G, Poethig R S. Temporal Regulation of Shoot Development in *Arabidopsis Thaliana* By *Mir156* and Its Target *SPL3*[J]. *Geophysical Research Letters*, 2006, 133: 3539-3547.

[206] Wu R-M, Walton E F, Richardson A C, et al. Conservation and divergence of four kiwifruit *SVP*-like MADS-box genes suggest distinct roles in kiwifruit bud dormancy and flowering[J]. *Journal of Experimental Botany*, 2012, 63: 797-807.

[207] Xu Z, Zhang Q, Sun L, et al. Genome-wide identification, characterisation and expression analysis of the MADS-box gene family in *Prunus mume*[J]. *Molecular Genetics and Genomics*, 2014, 289: 903-920.

[208] Yamaguchi A, Abe M. Regulation of reproductive development by non-coding RNA in *Arabidopsis*: to flower or not to flower[J]. *Journal of Plant Research*, 2012, 125: 693-704.

[209] Yamaguchi A, Wu M F, Yang L, et al. The microRNA-regulated *SBP*-Box transcription factor *SPL3* is a direct upstream activator of *LEAFY*, *FRUITFULL*, and *APETALA1*[J]. *Developmental Cell*, 2009, 17: 268-278.

[210] Yoo S K, Chung K S, Kim J, et al. Constans activates suppressor of overexpression of constans 1 through *Flowering Locus T* to promote flowering in *Arabidopsis*[J]. *Plant Physiology*, 2005, 139: 770.

[211] Yu H, Ito T, Wellmer F, et al. Repression of *AGAMOUS-LIKE 24* is a crucial step in promoting flower development[J]. *Nature Genetics*, 2004, 36: 157-161.

[212] Yu H, Xu Y, Tan E L, et al. *AGAMOUS-LIKE 24*, a dosage-dependent mediator of the flowering signals[J]. *Proceedings of the National Academy of Sciences of the United States of America*, 2002, 99: 16336-16341.

[213] Zhang C, Zhang H, Zhan Z, et al. Molecular cloning, expression analysis and subcellular localization of LEAFY in carrot (Daucus carota L.)[J]. *Molecular Breeding*, 2016, 36: 1-9.

[214] Zhang J, Chen L, Hu X, et al. *LEAFY* homologous gene cloned in maidenhair tree （*Ginkgo biloba* L.）[J]. *Scientia Silvae Sinicae*, 2002, 38: 167-170.

[215] Zhang J X, Wu K L, Zeng S J, et al. Characterization and expression analysis of *PhalLFY*, a homologue in Phalaenopsis of *FLORICAULA/LEAFY* genes[J]. *Scientia Horticulturae*, 2010, 124: 482-489.

[216] Zhang M Z, Ye D, Wang L L, et al. Overexpression of the cucumber *LEAFY* homolog *CFL* and hormone treatments alter flower development in gloxinia (*Sinningia speciosa*) [J]. *Plant Molecular Biology*, 2008, 67: 419-427.

[217] Zhang Q, Chen W, Sun L, et al. The genome of *Prunus mume*[J]. *Nature Communications*, 2012, 3: 1318.

[218] Zhong X, Dai X, Xv J, et al. Cloning and expression analysis of *GmGAL1*, *SOC1* homolog gene in soybean[J]. *Molecular Biology Reports*, 2012, 39: 6967-6974.

[219] Zhou C M, Wang J W. Regulation of flowering time by microRNAs[J]. *Journal of Genetics and Genomics*, 2013, 40: 211-215.

图书在版编目（CIP）数据

梅花成花相关基因功能分析 = Functional Analysis of Floral Genes SOC1, SVP and LFY in Prunus mume / 李玉舒著. —北京：中国城市出版社，2021.11
ISBN 978-7-5074-3409-5

Ⅰ.①梅… Ⅱ.①李… Ⅲ.①梅花—生物学—研究 Ⅳ.①S685.17

中国版本图书馆CIP数据核字（2021）第226613号

责任编辑：杜　洁　兰丽婷
书籍设计：韩蒙恩
责任校对：姜小莲

梅花成花相关基因功能分析
Functional Analysis of Floral Genes *SOC1, SVP* and *LFY* in *Prunus mume*
李玉舒　著
*
中国城市出版社出版、发行（北京海淀三里河路9号）
各地新华书店、建筑书店经销
北京锋尚制版有限公司制版
北京富诚彩色印刷有限公司印刷
*
开本：880毫米×1230毫米　1/32　印张：5¼　字数：142千字
2021年11月第一版　2021年11月第一次印刷
定价：**49.00**元
ISBN 978-7-5074-3409-5
（904364）